普通高等教育系列教材

Animate CC 2018 动画设计与制作

龙　虎　编著

机 械 工 业 出 版 社

U0162423

Animate CC 2018 是一款功能强大的交互式矢量动画制作软件，利用 Animate 软件可以制作出丰富多彩的动画效果，还可将制作出的动画快速发布到 HTML5 Canvas、WebGL、Flash/Adobe AIR 及 SVG 的自定义平台等，投送到计算机、移动设备和电视上。本书以易学、全面和实用为目的，从基础到应用，系统地介绍了 Animate CC 2018 的基本操作方法和使用技巧。

本书图文并茂、条理清晰、通俗易懂、实例丰富，在讲解每个知识点时都配有相应的实例，为方便读者上机实践，每章后均有大量习题和上机操作。

本书可作为高等院校游戏、动漫、数字媒体、艺术设计、图形图像等专业的教材，也可作为动画爱好者及电影特技、影视广告、游戏制作等从业人员的参考书。

本书配套授课电子课件、素材，需要的教师可登录 www.cmpedu.com 免费注册，审核通过后下载，或联系编辑索取（微信：15910938545，电话：010-88379739）。

图书在版编目（CIP）数据

Animate CC 2018 动画设计与制作/龙虎编著 . —北京：机械工业出版社，2020.9（2024.8 重印）
普通高等教育系列教材
ISBN 978-7-111-66006-4

Ⅰ.①A… Ⅱ.①龙… Ⅲ.①超文本标记语言-程序设计-高等学校-教材 Ⅳ.①TP312.8

中国版本图书馆 CIP 数据核字（2020）第 118292 号

机械工业出版社（北京市百万庄大街 22 号　邮政编码 100037）
策划编辑：胡　静　　责任编辑：胡　静
责任校对：张艳霞　　责任印制：单爱军
北京虎彩文化传播有限公司印刷

2024 年 8 月第 1 版·第 3 次印刷
184mm×260mm·15.75 印张·390 千字
标准书号：ISBN 978-7-111-66006-4
定价：65.00 元

电话服务　　　　　　　　　　　网络服务
客服电话：010-88361066　　　机 工 官 网：www.cmpbook.com
　　　　　010-88379833　　　机 工 官 博：weibo.com/cmp1952
　　　　　010-68326294　　　金 书 网：www.golden-book.com
封底无防伪标均为盗版　　机工教育服务网：www.cmpedu.com

前　言

Animate CC 2018 是一款功能强大的交互式矢量动画制作软件，利用 Animate 软件可以制作出丰富多彩的动画效果，还可将制作出的动画快速发布到 HTML5 Canvas、WebGL、Flash/Adobe AIR 及 SVG 的自定义平台等，投送到计算机、移动设备和电视上。目前，该软件广泛应用于动画设计、网络横幅广告、电子贺卡、多媒体课件和网页制作以及游戏制作等多个领域。本书以易学、全面和实用为目的，从基础到应用，系统地介绍了 Animate CC 2018 的基本操作方法和使用技巧，本书共分为 10 章，主要内容如下。

第 1 章介绍 Animate CC 2018 的基础入门知识，包括工作界面、文档的基本操作、影片的测试和发布。

第 2 章介绍使用基础工具绘制图形，包括绘制线条、绘制简单图形、设计图形色彩、绘制复杂图形、绘制特殊图形及其他辅助绘制工具。

第 3 章介绍对象的编辑与修饰，包括对象的变形、对象的对齐和排列、对象的合并和组合及对象的修饰。

第 4 章介绍文本的编辑，包括文本的类型、文本属性、文本的编辑和对文本使用滤镜效果。

第 5 章介绍动画的基本元素，包括元件与实例、库、时间轴、帧和图层。

第 6 章介绍基本动画制作，包括逐帧动画、形状补间动画、传统补间动画、基于对象补间动画、引导动画、旋转动画、自定义缓动动画和摄像头动画。

第 7 章介绍高级动画制作，包括遮罩动画、3D 动画和骨骼动画。

第 8 章介绍导入和处理多媒体对象，包括图像素材的导入和编辑、声音素材的导入和编辑及视频素材的导入与导出。

第 9 章介绍 ActionScript 3.0 脚本基础应用，包括 ActionScript 3.0 脚本基础、ActionScript 3.0 的首选参数设置、动作面板、变量和常量、数据类型、运算符、流程控制、函数、基本语法、事件、面向对象的编程概念、包和命名空间、属性和方法及类。

第 10 章介绍综合应用案例，包括电子贺卡、网络广告、多媒体课件和游戏 4 个案例的制作过程，通过案例介绍了 Animate 在应用领域的使用技巧。

本书图文并茂，条理清晰、通俗易懂、实例丰富，在讲解每个知识点时都配有相应的实例，为方便读者上机实践，每章后均有大量习题和上机操作。

本书为校级课程教学范式改革试点项目"二维动画设计"（KCFS06）阶段性成果，本书的顺利出版，特别要感谢机械工业出版社的胡静编辑在本书出版过程中提供的帮助和指导。

由于时间仓促，书中难免存在不妥之处，请读者原谅，并提出宝贵意见。

编　者

目　　录

第 1 章　Animate CC 2018 基础入门

Animate CC 是由原 Adobe Flash Professional CC 更名得来，除了维持原有 Flash 开发工具支持外，还新增了 HTML5 创作工具，为网页开发者提供了更适合现有网页应用的音频、图片、视频、动画等创作支持。Animate CC 2018 是由 Adobe 公司于 2017 年 10 月推出的一款功能强大的交互式矢量动画制作软件。利用 Animate 软件可以制作出丰富多彩的动画效果，还可将制作出的动画快速发布到 HTML5 Canvas、WebGL、Flash/Adobe AIR 及 SVG 的自定义平台等，投送到计算机、移动设备和电视上。本章将介绍 Animate CC 2018 的基础知识，主要包括工作界面、文档的基本操作和影片的测试与发布。

1.1　工作界面

工作界面是 Animate CC 2018 为用户提供的工作环境，也是软件为用户提供工具、信息和命令的工作区域。使用 Animate CC 2018 制作动画，首先需要了解 Animate CC 2018 的工作界面以及工作界面中各部分的功能。打开软件后首先进入欢迎界面，如图 1-1 所示。

图 1-1　Animate CC 2018 欢迎界面

Animate CC 2018 的工作界面主要由菜单栏、"工具箱"面板、"时间轴"面板、"浮动"面板组、舞台等组成，如图 1-2 所示。

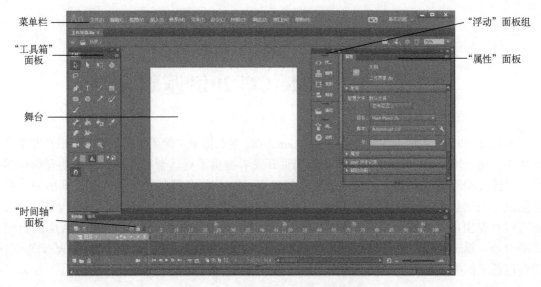

菜单栏

"工具箱"面板

舞台

"时间轴"面板

"浮动"面板组

"属性"面板

图 1-2   Animate CC 2018 工作界面

1.1.1   工作界面概述

Animate CC 2018 工作界面是实现动画、网站、课件和游戏等制作的基础界面。其便捷和完美的工作界面，深受广大制作爱好者的喜爱。熟悉工作界面有助于提高工作效率，使操作得心应手。

1. 开始页

运行 Animate CC 2018 软件后首先看到的是开始页。开始页集中了常用的任务和操作，通过它可以快速实现从模板创建文档、新建文档和打开文档相关操作，如图 1-3 所示。

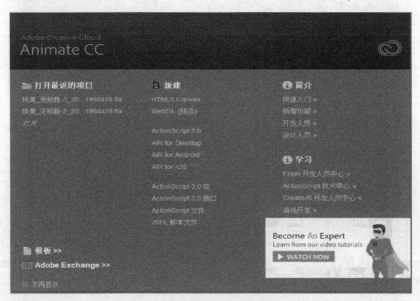

图 1-3   Animate CC 2018 开始页

Animate CC 2018 开始页有 5 个常用选项组，作用分别如下。

- 打开最近的项目：可以打开及恢复最近打开过的文档。
- 模板：可以使用 Animate CC 2018 自带的模板快速创建文档。
- 新建：可以新建 HTML5 Canvas、WebGL、ActionScript 3.0、AIR for Desktop、AIR for Android、AIR for iOS、JSFL 等文件。
- 简介：简介中有 4 个选项，分别为"快速入门""新增功能""开发人员"和"设计人员"。单击每个选项后可浏览相关简介信息。
- 学习：学习有 4 个选项，分别为"Flash 开发人员中心""ActionScript 技术中心""CreateJS 开发人员中心"和"游戏开发"。单击"Flash 开发人员中心"，可以找到与使用 Animate CC 发布 HTML5 Canvas、WebGL 以及 SWF 相关的最新实用文章、示例、培训课程以及其他资源。单击"ActionScript 技术中心"，可了解和学习 ActionScript 相关的知识。单击"CreateJS 开发人员中心"，可浏览在 Animate CC 中创建和发布与 HTML5 Canvas 文档相关的知识。单击"游戏开发"，可了解游戏开发相关的知识。

2. 标题栏

Animate CC 2018 的标题栏主要由窗口管理按钮、同步设置状态、工作区切换按钮等组成。

- 窗口管理按钮：主要包括最小化、最大化和关闭按钮。
- "同步设置状态"按钮：单击"同步设置状态"按钮 ，会弹出如图 1-4 所示的界面。

单击"编辑"菜单 ，打开"首选参数"对话框，选择"首选参数"对话框中的"同步设置"选项卡，可以设置同步选项，如图 1-5 所示。

图 1-4 同步设置状态

- 工作区切换按钮：单击"基本功能"按钮 ，打开工作区选项菜单，弹出的下拉菜单中有"动画""传统""调试""设计人员""开发人员""基本功能""小屏幕"和"新建工作区"等选项，通过选择不同的选项可实现不同工作区模式的切换，如图 1-6a 所示。也可选择"窗口"→"工作区"选项，打开工作区选项菜单，如图 1-6b 所示。如选择"动画"和"设计人员"工作区则可将时间轴置于顶部，操作中可以轻松频繁地使用它。如果有部分面板被移动了，要想返回预先排列的工作区之一的状态，可以选择"重置基本功能"选项来重新选择预置工作区。若要返回到默认工作区则直接选择"基本功能"选项，将使用基本功能工作区。

在操作中如发现某种排列方式比较适合自身的工作风格，可将它保存为自定义工作区。单击"基本功能"按钮，选择"新建工作区"，弹出新建工作区选项菜单，为新工作区输入一个名称，输入完成后单击"确定"按钮，便可保存面板当前的排列方式。把合适的工作区添加到工作区下拉菜单选项中，以便随时访问。

3. 菜单栏

菜单栏主要包括"文件"菜单、"编辑"菜单、"视图"菜单、"插入"菜单、"修改"菜单、"文本"菜单、"命令"菜单、"控制"菜单、"调试"菜单、"窗口"菜单和"帮助"菜单，如图 1-7 所示。

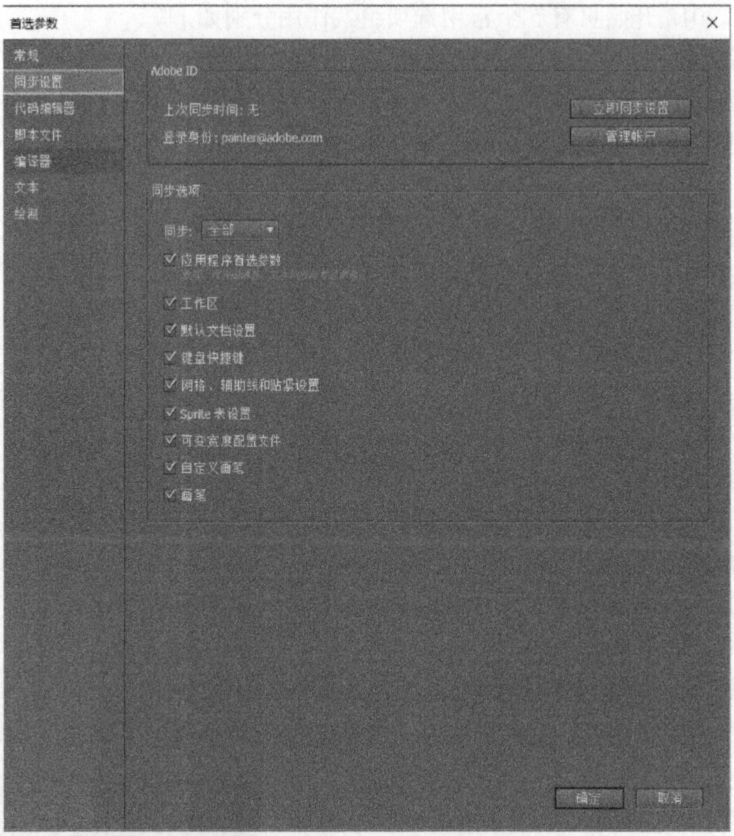

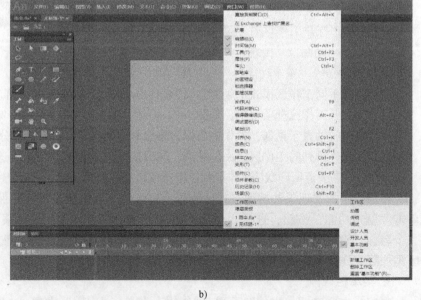

图 1-5 "首选参数"对话框中的"同步设置"选项卡

图 1-6 切换工作区

a)"基本功能"下的工作区选项 b)"窗口"菜单下的工作区选项

图 1-7　菜单栏

"文件"菜单：主要功能是创建、打开、保存和输出动画，导入外部图形、图像、声音和动画文件，进行发布以及发布设置和退出等，如图 1-8 所示。

"编辑"菜单：主要功能是对舞台上的对象及帧进行选择、复制、剪切和粘贴等操作，以及自定义面板和设置首选参数等，如图 1-9 所示。

图 1-8　"文件"菜单　　　　　　　　　　　　图 1-9　"编辑"菜单

"视图"菜单：主要功能是对开发环境进行外观和版式设置，如放大、缩小等，以及标尺、网格和辅助线的显示及隐藏，如图 1-10 所示。

"插入"菜单：主要用于插入性质的操作，如新建一个元件，插入一个场景等，如图 1-11 所示。

图 1-10　"视图"菜单　　　　　　　　　　　图 1-11　"插入"菜单

5

"修改"菜单：主要功能是修改动画中的对象、场景等动画本身的特性，如修改文档属性，形状、排列、组合以及对齐方式等，如图1-12所示。

"文本"菜单：主要用于对文本的属性和样式进行设置，如字体、大小、样式和字母间距等，如图1-13所示。

"命令"菜单：主要功能是保存、查找和运行命令，如图1-14所示。

"控制"菜单：主要用于对动画进行测试、控制和播放，如图1-15所示。

"调试"菜单：主要功能是对动画进行调试，如图1-16所示。

"窗口"菜单：主要功能是控制各功能面板是否显示，以及对面板的布局进行设置，如图1-17所示。

图1-12 "修改"菜单

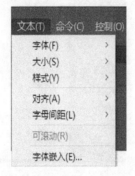

图1-13 "文本"菜单

图1-14 "命令"菜单

图1-15 "控制"菜单

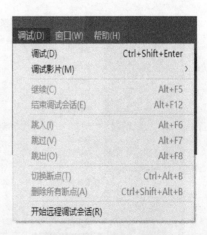

图1-16 "调试"菜单

"帮助"菜单：主要功能是提供 Animate CC 2018 在线帮助信息和支持站点的信息，包括教程和 ActionScript 帮助，如图 1-18 所示。

图 1-17　"窗口"菜单　　　　　图 1-18　"帮助"菜单

4. "工具箱"面板

Animate CC 2018 "工具箱"面板提供了图形绘制和编辑的各种工具，分为工具、查看、颜色和选项 4 个功能区。面板主要包括选择工具、绘图工具、文字工具、着色和编辑工具、导航工具以及其他工具选项，如图 1-19 所示。"工具箱"面板中部分工具按钮右下角会带有图标，表示该工具包含一组同类型工具，如图 1-20 所示。

图 1-19　"工具箱"面板　　　图 1-20　任意变形工具包含的同类型工具

5. "时间轴"面板

"时间轴"面板用于组织和控制影片内容在一定时间内播放的层数和帧数。按照功能的不同,"时间轴"面板分为左右两部分,即层控制区和时间轴控制区。"时间轴"面板的主要组件是图层、帧和播放头,如图1-21所示。

图1-21 "时间轴"面板

6. "浮动"面板

"浮动"面板可以查看、组合和更改资源。但屏幕的大小有限,为了尽量使工作区最大,满足工作的需要,Animate CC 2018 提供了多种自定义工作区的方法,如可以通过"窗口"菜单显示、隐藏面板,还可以通过鼠标拖动来调整面板的大小以及重新组合面板,如图1-22所示。

7. 舞台

舞台是进行动画创作以及播放动画的矩形区域。在舞台上可以绘制、编辑和放置矢量插图、文本框、按钮、导入的位图图形和进行视频剪辑等。在舞台上可以显示网格、标尺和辅助线,帮助用户实现准确定位。在默认情况下,舞台显示为白色,如图1-23所示。

图1-22 面板组

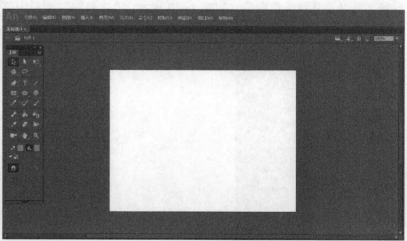

图1-23 舞台

显示网格的方法是选择"视图"→"网格"→"显示网格"命令,如图1-24所示。

显示标尺的方法是选择"视图"→"标尺"命令,如图1-25所示。

图 1-24　显示网格　　　　　　　　　　　　　　图 1-25　显示标尺

在设计和制作动画时，通常需要辅助线来作为舞台上不同对象的对齐标准，需要辅助线时可以从标尺上向舞台拖拽鼠标以产生绿色的辅助线，如图 1-26 所示。在播放动画时辅助线不会显示。不需要辅助线时，将其从舞台向标尺方向拖拽即可删除。

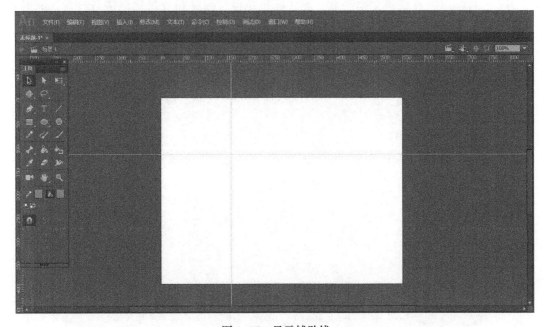

图 1-26　显示辅助线

1.1.2　工作界面布局设置

动画制作过程中，不同的操作者使用软件时有不同的操作习惯，因此，创建符合自己操作习惯的工作界面有助于提高工作效率。Animate CC 2018 的界面具有强大的定制性，用户可以根据需要调整工作界面中面板的位置及是否显示来改变工作区的布局，同时还可以对工作区和舞台进行设置，以创建适合自己需要的工作界面。

1.2　文档的基本操作

使用 Animate CC 2018 制作动画，首先需要掌握文档的基本操作技巧。利用 Animate CC 2018 可以创建新的文档，打开已有的文档进行编辑和保存文档等基本操作。本节将重点介绍文档的新建、打开、关闭和设置文档属性等基本操作。

1.2.1　新建文档

创作动画的首要步骤是创建一个新的文档，在 Animate CC 2018 中用户可以创建一个新的空白文档，也可以根据模板来创建新文档。新建一个文档主要有新建空白文档和新建模板文档两种方式。

1. 新建空白文档

选择"文件"→"新建"命令，或按〈Ctrl+N〉组合键，打开"新建文档"对话框，如图 1-27 所示。在"常规"选项卡的"类型"列表中选择需要创建的新文档类型。此时，在对话框的右侧可以对新建文档的宽、高、标尺单位、帧频和背景颜色进行设置，同时在"描述"文本框中显示对当前选择文档类型的描述，单击"确定"按钮可创建一个新文档。

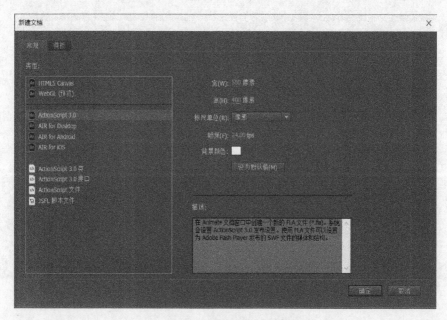

图 1-27　"新建文档"对话框

2. 从模板新建文档

Animate CC 2018 提供了多种类别的应用模板供选择使用。打开"新建文档"对话框，在对话框中选择"模板"选项卡，此时对话框变为"从模板新建"对话框。在对话框的"类别"列表中选择需要使用的模板类别，在"模板"列表中选择需要使用的模板。此时，在对话框中将能够预览模板文件的效果并看到对该模板的描述信息，如图 1-28 所示。选择完成后单击"确定"按钮，即可使用该模板创建新文档。

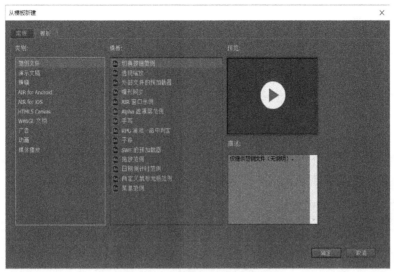

图 1-28 "从模板新建"对话框

1.2.2 设置文档属性

在设计制作动画之前,需要对文档的属性进行设置,主要包括文档的舞台大小(默认情况下为 550 像素×400 像素),缩放和锚记,舞台背景颜色(默认情况下为白色),帧频(每秒播放的帧数)等属性。

选择"修改"→"文档"命令,打开"文档设置"对话框,如图 1-29 所示。在对话框的"单位"下拉菜单中选择舞台的单位。单位主要有"英寸""点""厘米""毫米"和"像素"等多个选项(默认情况下为像素),用户可根据需要从多个选项中选择其中一个,如图 1-30 所示。

除了可以对单位进行设置外,还可以对舞台大小,舞台背景颜色以及帧频等进行设置,如图 1-31 所示。

图 1-29 "文档设置"对话框

图 1-30 设置单位

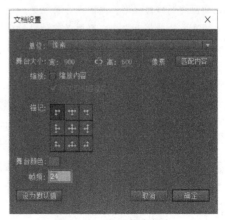

图 1-31 设置舞台颜色

1.2.3 保存文档

在完成文档的创建和制作后，需要对文档进行保存。保存好一个文档以便之后可以再次打开该文档或对已保存的文档再次编辑和修改。因此，掌握好文档的保存在 Animate CC 2018 的基础操作中是至关重要的一步。

1. 文档的保存

对文档进行保存的具体操作步骤为：选择"文件"→"保存"命令，Animate CC 2018 会打开"另存为"对话框，利用该对话框用户可以设置动画文件保存的位置和文件名，如图 1-32 所示。完成设置后，单击"保存"按钮，即可完成文档的保存。

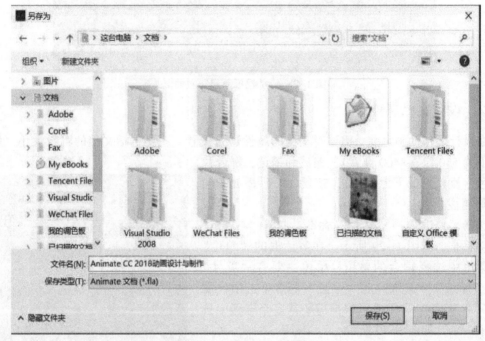

图 1-32 "另存为"对话框

📖 在动画的制作过程中，随时保存文档是一个很好的习惯，这样可以有效地避免因为计算机死机或断电等原因造成的数据丢失。在需要对文件进行保存时，还可以通过快捷键〈Ctrl+S〉快速保存，按下〈Ctrl+Shift+S〉组合键可实现另存为操作。

2. 将文档另存为模板

Animate CC 2018 允许将文档保存为模板。选择"文件"→"另存为模板"命令，弹出"另存为模板警告"提示框，如图 1-33 所示。

单击"另存为模板"按钮，打开"另存为模板"对话框。在对话框的"名称"文本框中输入模板的名称，在"类别"下拉列表中选择模板类型，在"描述"文本框中输入对模板的描述，如图 1-34 所示。设置完成后，单击"保存"按钮，即可将动画以模板的形式保存下来。

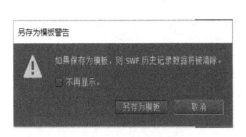

图 1-33　另存为模板警告

图 1-34　"另存为模板"对话框

1.2.4　打开和关闭文档

在 Animate CC 2018 中，用户可以快捷地打开已有的文档和关闭当前正在编辑的文档。本小节介绍打开和关闭文档的操作方法。

1. 打开文档

启动 Animate CC 2018，在菜单栏中选择"文件"→"打开"命令，弹出"打开"对话框。在该对话框中选择需要打开的文档后，单击"打开"按钮，即可在 Animate CC 2018 中打开该文档，如图 1-35 所示。

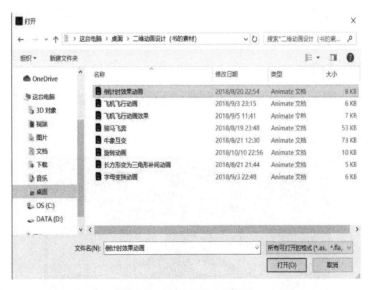

图 1-35　"打开"对话框

📖 在"打开"对话框中，也可以同时打开多个文档，只要在文档列表中将所需的多个文档选中，并单击"打开"按钮，就可以打开多个文档，以避免多次调用"打开"对话框。在"打开"对话框中，按住〈Ctrl〉键的同时，单击可以选择不连续的文档；按住〈Shift〉键，单击可选择连续的文档。

---

2. 关闭文档

在 Animate CC 2018 中，文档在程序中以选项卡的形式打开。关闭单个文档的操作需要单击文档标签上的"关闭"按钮，方可关闭该文档，如图 1-36 所示。

无标题-1 ✕　倒计时效果动画.fla ✕　飞机飞行动画.fla ✕　飞机飞行动画效果.fla ✕　骏马飞奔.fla ✕

场景 1

图 1-36　关闭文档

若要关闭整个 Animate CC 2018 软件，则需要单击界面上标题栏中的"关闭"按钮。

📖 WebGL 文档不支持文本，HTML5 Canvas 文档不支持 3D 旋转或翻译工具。不支持的工具显示为灰色。

📖 ActionScript 3.0 文档支持将内容作为 Mac 或 Windows 的投影机发布。投影机作为桌面上的独立应用程序，无需浏览器，可以轻松从一种文档类型切换到另一种文档类型，例如，更新旧的 Flash 横幅广告动画，可以将 ActionScript 3.0 文档转换为 HTML5 Canvas 文档。

📖 最新版本的 Animate CC 2018 软件仅支持 ActionScript 3.0，如果需要使用 ActionScript 2.0 或 ActionScript 1.0，则必须使用 Flash Professional CS6 或更低版本。

1.3　影片的测试和发布

在动画制作完成后，需要预览一下动画效果，并对动画效果进行实时修改完善，这就需要对动画效果进行测试。通过不断完善并达到满意效果后才可以发布，最终使用户能够看到和使用。

1.3.1　预览和测试动画

预览和测试动画是在动画完成后，进行发布之前的一个步骤。如果要预览和测试动画，需要选择"控制"→"测试影片"→"测试"命令，或按〈Ctrl+Enter〉组合键，此时，即可在播放器中预览动画效果，如图 1-37 所示。

图 1-37　预览动画效果

1.3.2 文件的导出

在完成动画的预览和测试后，对创建完成的动画可以导出为用户需要的文件格式。Animate CC 2018 可以导出的文件格式主要有图像、影片、视频以及动画（GIF）等，如图 1-38 所示。

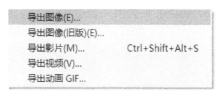

图 1-38 导出的文件格式

1.3.3 文件的发布设置

Animate CC 2018 可以导出图像、影片、视频以及动画（GIF）等多种文件格式。为了提高制作效率，避免每次在发布时都要进行设置，可以在"发布设置"对话框中对需要发布的格式进行设置。选择"文件"→"发布设置"命令，即可打开"发布设置"对话框，按照设置直接导出文件发布即可，如图 1-39 所示。

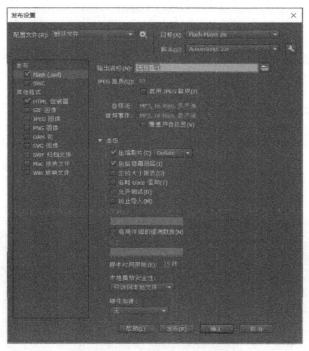

图 1-39 "发布设置"对话框

1.4 思考与练习

1. 填空题

1）Animate CC 2018 的工作界面主要由 _____、_____、_____、_____、"浮动"面板和舞台等组成。

2）Animate CC 2018 工具箱提供了图形绘制和编辑的各种工具，分为_____、查看、_____、选项 4 个功能区，面板主要包括_____、绘图工具、_____、_____、_____、导航工具以及_____。

3）创作动画的首要步骤是创建一个新的文档，在 Animate CC 2018 中用户可以创建一个新的_____，也可以根据模板来创建新文档。新建一个文档主要有_____和新建模板文档两种方式。

2. 简答题

1）如何创建一个新的空白文档？

2）影片测试和发布的步骤有哪些？

1.5 上机操作

1.5.1 界面的操作

利用动画工作区，并以此创建一个简洁的操作界面，界面中主要包括"工具箱"面板和时间轴，同时将工作区保存以备今后使用。

主要操作步骤指导：

1）选择"窗口"→"属性"命令，关闭"属性"面板。

2）将面板组拖放到窗口中，单击右上角的"关闭"按钮，关闭面板组。

3）将"工具箱"面板拖放到窗口左侧。

1.5.2 使用模板并发布为可执行文件

打开 Animate CC 2018 自带的"随机纹理运动"模板，并将其发布为可执行文件。

1）启动 Animate CC 2018，在开始页中选择"模板"，打开"从模板创建"对话框，在"类别"列表中选择"动画"选项，如图 1-40 所示。

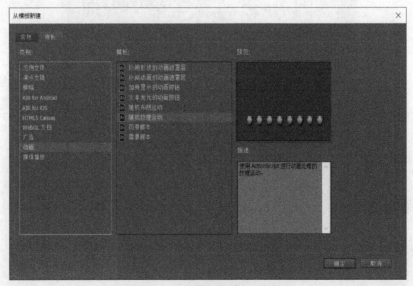

图 1-40 "从模板新建"对话框

2）在对话框的"模板"列表中选择"随机纹理运动"选项，单击"确定"按钮，打开该模板，如图 1-41 所示。

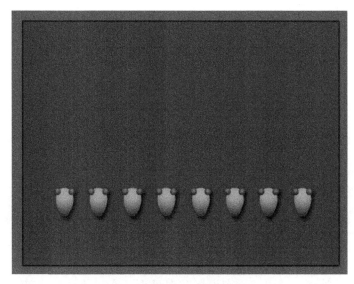

图 1-41　随机纹理运动效果

3）选择"文件"→"发布设置"命令，如图 1-42 所示。

图 1-42　选择"发布设置"

4）打开"发布设置"对话框，单击"输出名称"右侧的"选择发布目标"按钮，即可打开"选择发布目标"对话框，如图 1-43 所示。

5）在"选择发布目标"对话框中的"文件名"文本框中输入文件名"随机纹理运

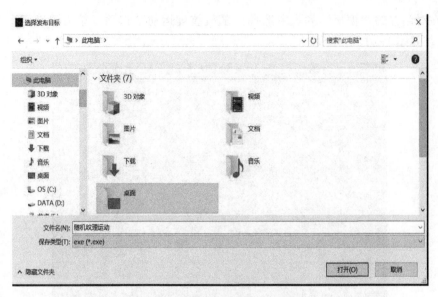

图 1-43 "选择发布目标"对话框

动",单击"打开"按钮,返回"发布设置"对话框。在对话框的"其他格式"选项组中选中"Win 放映文件"复选框,设置文件输出的位置和文件名,单击"发布"按钮即可发布文件,如图 1-44 所示。

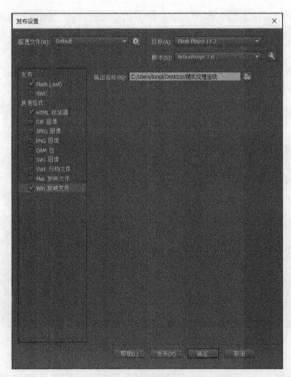

图 1-44 "发布设置"对话框

第 2 章　使用基础工具绘制图形

图形绘制是动画制作的基础。在 Animate CC 2018 中可以利用线条工具、矩形工具、铅笔工具、画笔工具、钢笔工具、椭圆工具、多角星形工具创建出有趣的、复杂的图形和插图；将其与渐变、透明度、文本和滤镜结合起来，可以创建出丰富多彩的效果。

2.1　绘制线条

在 Animate CC 2018 中，运用工具箱中的绘图工具来绘制图形，是创作动画的主要步骤，是进行动画设计与制作的基础。利用 Animate CC 2018 工具箱中工具绘制的图形是矢量图形，图形具有可以任意放大和缩小而不失真的优势，同时，也能保证获得的动画文件体积较小。

2.1.1　线条工具

在使用 Animate CC 2018 制作动画时，需要用到线条工具绘制矢量图形。

线条是构成矢量图形的基本要素，单击工具箱中的"线条工具"按钮，将光标移动到舞台，当光标变为"+"形状时，按住鼠标左键拖动，拖动至适当的位置及长度后，释放鼠标即可绘制出一条直线。拖动鼠标绘制出的线条，如图 2-1 所示。

使用线条工具绘制直线的过程中，按下〈Shift〉键的同时拖动鼠标，可以绘制出垂直和水平的直线，或者是 45°的斜线，如图 2-2

图 2-1　拖动鼠标绘制线条

所示。按下〈Ctrl〉键可以切换到选择工具，对工作区中的对象进行选取，当放开〈Ctrl〉

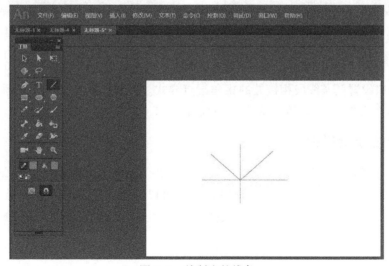

图 2-2　绘制出的线条

键时，又会自动回到线条工具。

利用"属性"面板可对直线的笔触、样式、宽度、颜色、粗细等进行修改，具体操作步骤为：选择工具箱中的"线条工具"，再选择"窗口"→"属性"命令，打开"属性"面板，如图2-3所示。

"填充和笔触"选项组：主要用来设置线条的笔触颜色。

笔触：主要用于设置线条笔触的大小，即线条的宽度，用鼠标拖动滑块或在文本框中输入数值均可以调节笔触大小。

样式：可以设置线条的样式，如实线、虚线、点状线、锯齿线、点刻线和斑马线等。

宽度：主要用来设置线条的宽度。Animate CC 2018提供了多种宽度配置文件，通过选择不同宽度效果选项可以绘制多种样式的线条，如图2-4所示。

缩放：设置线条的缩放样式。缩放主要有4个选项，分别为"一般""水平""垂直"和"无"，右侧是"提示"复选框，若需要提示可以选中该复选框，如图2-5所示。

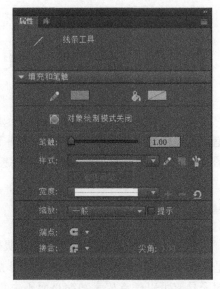

图2-3　线条工具的"属性"面板

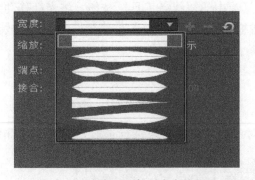

图2-4　"宽度"下拉列表中的选项

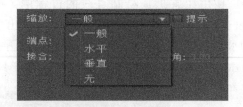

图2-5　"缩放"下拉列表中的选项

端点：设置线条的端点样式。可以选择"圆角""方形""无"端点样式。

接合：用来设置两条线段相接处的拐角端点样式。可以选择"尖角""圆角""斜角"样式。若选择"尖角"，应设置"尖角"的数值。

2.1.2　自定义笔触样式

在如图2-3所示的线条工具"属性"面板中单击"样式"右侧的"编辑笔触样式"按钮，打开"笔触样式"对话框。在该对话框中可以自定义笔触样式，包括线条的粗细、类型和点距，如图2-6所示。设置好笔触样式后，单击"确定"按钮，即完成自定义笔触样式。

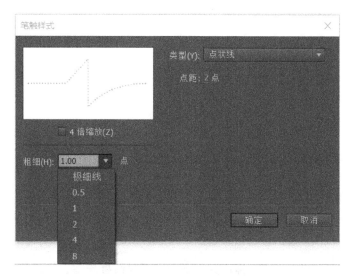

图 2-6 "笔触样式"对话框

2.1.3 用滴管工具和墨水瓶工具快速套用线条属性

在 Animate CC 2018 中,可以利用滴管工具 ✐ 和墨水瓶工具 ✑ 快速地将任意线条的属性套用到其他的线条上,具体操作步骤如下。

1. 利用滴管工具快速套用线条属性

在舞台上绘制两条不同样式的线,单击工具箱中的"滴管工具"按钮,单击第一个样式的线条,查看"属性"面板。该面板显示的是该线条的属性,此时,滴管工具自动变成了墨水瓶工具,如图 2-7 所示。

2. 利用墨水瓶工具快速套用线条属性

在显示为墨水瓶工具时,单击右侧的线条,此时,右侧线条的样式变为左边线条的样式,即被单击的右侧线条的属性与左侧线条的属性一样,如图 2-8 所示。

图 2-7 快速套用线条属性

图 2-8 快速套用线条属性后的效果

2.1.4 用选择工具改变线条形状

在 Animate CC 2018 中,"选择工具"命令主要用于选择和移动舞台上的对象,改变对象的大小和形状等,利用选择工具还可改变线条的方向和长短。在工具箱中选择"线条工具",在舞台上绘制一个线条,将鼠标指针停留在线条右边端点,此时,鼠标指针右下角会出现直角标志,如图 2-9 所示。按住鼠标左键上下移动即可改变线条方向,按住鼠标左键向左移动或向右移动即可实现线条长短的改变。

图 2-9　改变线条方向和长短

　　将鼠标指针移到线条上，当鼠标指针右下角出现弧线标志后，拖拽鼠标即可改变线条的轮廓，可以使直线变成各种形状的弧线，如图 2-10 所示。

图 2-10　改变线条为弧线状

2.1.5　线条的端点和接合

1. 线条的端点

　　端点是独立笔触的末端。在"属性"面板中对端点样式进行设置，可以绘制出圆角或方形形状的线条效果。在 Animate CC 2018 中，端点样式选项主要有 3 个，分别为"圆角""方形"和"无"。单击"端点"按钮，在下拉列表中可以看到系统默认的端点样式是圆角，如图 2-11 所示。用户可根据不同的需求来选择端点的样式。

　　选择工具箱中的"线条工具"，单击"工具箱"面板中的"对象绘制"按钮，选择"窗口"→"属性"命令，打开"属性"面板，将"笔触"设置为15.10。单击"属性"面板中的"端点"按钮，在下拉菜单中分别选择"无""圆角""方形"样式在舞台上绘制线条，绘制出的效果图如图 2-12 所示。

图 2-11　端点样式设置

2. 线条的接合

　　线条的接合是指两条线段相接处，也就是拐角的端点形状。选择工具箱中的"线条工具"，打开"属性"面板，将"笔触"设置为 10.00；单击"接合"按钮，在弹出的下拉菜单中分别选择"尖角""圆角""斜角"样式在舞台上绘制线条，绘制出的效果图如图 2-13 所示。

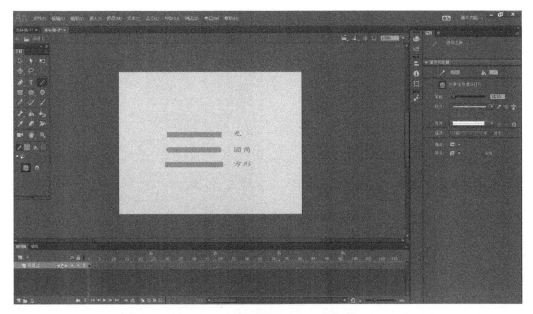

图 2-12 不同的端点样式设置效果

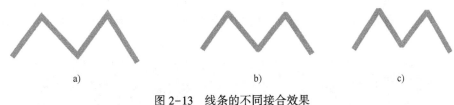

a)   b)   c)

图 2-13 线条的不同接合效果

a）尖角接合　b）圆角接合　c）斜角接合

2.2 绘制简单图形

在 Animate CC 2018 中，利用"工具箱"面板中的矩形工具组、椭圆工具组和多角星形工具可以绘制一些简单的图形。矩形工具组主要包括"矩形工具"和"基本矩形工具"，椭圆工具组主要包括"椭圆工具"和"基本椭圆工具"。

2.2.1 矩形工具

单击工具箱中的"矩形工具"按钮██右下角可以打开矩形工具组下拉菜单选项，弹出的下拉菜单中共有两个选项，分别为"矩形工具"██和"基本矩形工具"██，如图 2-14 所示。

1. 矩形工具

"矩形工具"命令可以绘制矩形、圆角矩形、长方形和正方形等基本图形。单击工具箱中的"矩形工具"按钮，打开"属性"面板，通过"属性"面板可设置矩形的笔触颜色、填充颜色、笔触大小、笔触样式、宽度、缩放、端点、接合以及矩形边角半径等属性，如图 2-15 所示。

图 2-14 矩形工具组

图 2-15 矩形工具属性设置

选择工具箱中的"矩形工具",单击"工具箱"面板中的"对象绘制"按钮和"紧贴至对象"按钮,设置好矩形的笔触颜色和内部填充颜色,可以在舞台上绘制矩形,如图 2-16 所示。

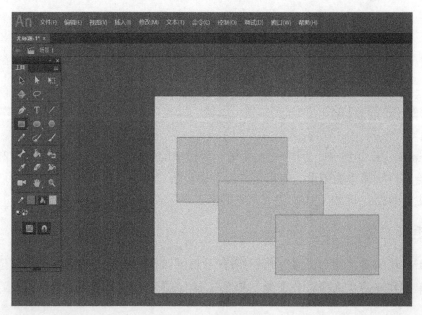

图 2-16 绘制矩形

打开"属性"面板,拖动"属性"面板"矩形选项"下的边角半径控件中的滑块,可改变矩形边角半径参数,如图 2-17 所示。

设置完成矩形边角半径后,在舞台上按住鼠标左键向右拖拽可绘制出一个图形,重复操作可绘制出多个图形效果,绘制效果如图 2-18 所示。

2. 基本矩形工具

单击工具箱中"矩形工具"按钮  右下角可以打开矩形工具组下拉菜单选项，弹出的下拉菜单中共有两个选项，分别为"矩形工具"和"基本矩形工具"，选择"基本矩形工具" ，打开"属性"面板，如图 2-19 所示。

图 2-17　矩形边角半径设置

选择工具箱中的"基本矩形工具"，单击"工具箱"面板中"紧贴至对象"按钮 ，设置好矩形的笔触颜色和内部填充颜色，可以在舞台上绘制基本矩形，如图 2-20 所示。

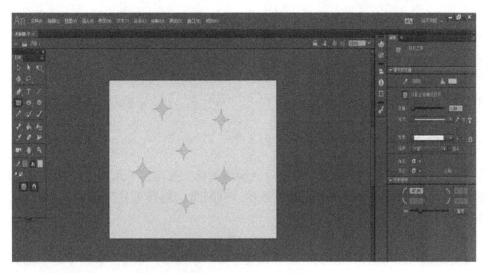

图 2-18　绘制多个图形

图 2-19　基本矩形工具属性设置

图 2-20　绘制基本矩形效果

打开"属性"面板，拖动"属性"面板"矩形选项"下的边角半径控件中的滑块，可改变基本矩形边角半径参数，设置完成基本矩形边角半径后，在舞台上按住鼠标左键向左拖拽可绘制出一个图形，绘制效果如图 2-21 和图 2-22 所示。

图 2-21　利用基本矩形工具绘制图形（一）

图 2-22　利用基本矩形工具绘制图形效果（二）

2.2.2　椭圆工具

在 Animate CC 2018 中，单击工具箱中"椭圆工具"按钮右下角可以打开椭圆工具组下拉菜单选项，弹出的下拉菜单中共有两个选项，分别为"椭圆工具"和"基本椭圆工具"，如图 2-23 所示。

1. 椭圆工具

椭圆工具 可以绘制圆、椭圆、圆环和扇形等基本图形。单击工具箱中的"椭圆工具"按钮，打开"属性"面板，通过"属性"面板可设置椭圆的笔触颜色、填充颜色、笔触大小、笔触样式、宽度、缩放、端点、接合以及开始角度、结束角度和内径等属性，如图 2-24 所示。

图 2-23　椭圆工具组

图 2-24　椭圆工具"属性"面板

26

选择工具箱中的"椭圆工具"，单击"工具箱"面板中"对象绘制"按钮■和"紧贴至对象"按钮■，设置好椭圆的笔触颜色和内部填充颜色，可以在舞台上绘制椭圆，如图 2-25 所示。

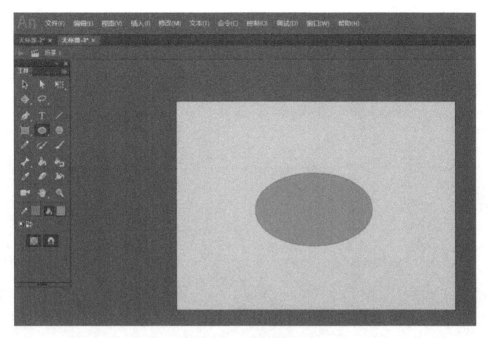

图 2-25　绘制椭圆

打开"属性"面板，设置笔触颜色为红色，笔触大小设置为 25.15，通过拖动"属性"面板的"椭圆选项"中椭圆开始角度的滑块，将其"开始角度"设置为 77.10，拖动椭圆结束角度的滑块可改变椭圆参数，将"结束角度"设置为 77.10。设置完成后，在舞台上按住鼠标左键向右拖拽可绘制出一个圆环，绘制效果如图 2-26 所示。

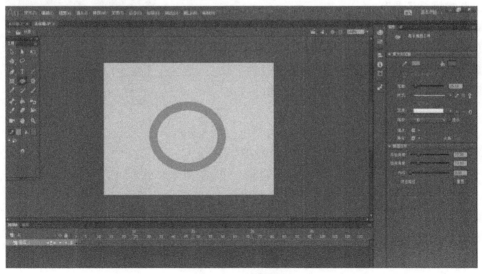

图 2-26　绘制圆环

打开"属性"面板，设置笔触颜色为红色，填充颜色为蓝色（或绘制完成后选择"颜料桶工具"在扇形区域内单击即可完成填充），笔触大小设置为9.45，通过拖动"属性"面板中"椭圆选项"的椭圆开始角度的滑块，将其"开始角度"设置为242.65，选中"闭合路径"复选框。设置完成后，在舞台上按住鼠标左键向右拖拽可绘制出一个扇形，绘制效果如图2-27所示。

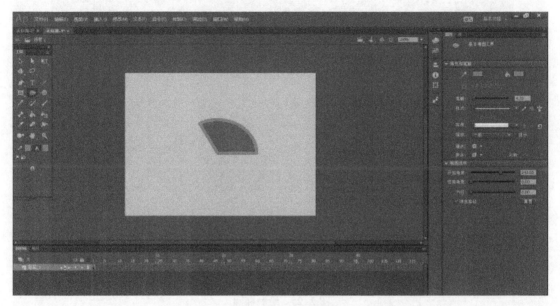

图2-27　绘制扇形

📖 在 Animate CC 2018 中，选中"椭圆工具"，按住〈Shift〉键，在舞台上按住鼠标左键向右拖拽可以绘制出一个圆形。

2. 基本椭圆工具

单击工具箱中的"椭圆工具"按钮右下角可以打开椭圆工具组下拉菜单选项。在弹出的下拉菜单中共有两个选项，分别为"椭圆工具"和"基本椭圆工具"，选择"基本椭圆工具"，打开"属性"面板，如图2-28所示。

打开"属性"面板，设置笔触颜色为绿色，填充颜色为黄色，笔触大小设置为9.45，"开始角度"设置为83.91，"结束角度"设置为45.35，"内径"设置为33.05，选中"闭合路径"复选框。设置完成后，在舞台上按住鼠标左键向右拖拽可绘制出一个图形，绘制效

图2-28　基本椭圆工具"属性"面板

果如图2-29所示。

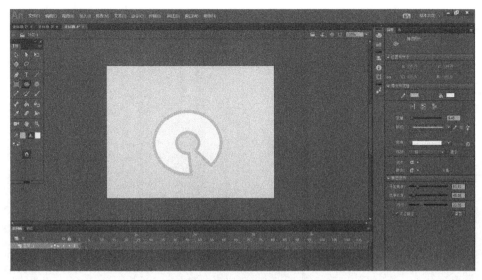

图 2-29　利用基本椭圆工具绘制的图形

2.2.3　多角星形工具

在 Animate CC 2018 中，利用多角星形工具  可以绘制出不同样式的规则多边形和星形。单击工具箱中的"多角星形工具"按钮，打开"属性"面板，可以在多角星形工具"属性"面板中设置笔触颜色、填充颜色、笔触大小、笔触样式、宽度、缩放、端点、接合等多个属性，如图 2-30 所示。

选择工具箱中的"多角星形工具"，单击"工具箱"面板中"对象绘制"按钮 和"紧贴至对象"按钮 ，设置多边形的笔触颜色为绿色，内部填充颜色为黄色，笔触大小为 9.45，可以在舞台上绘制多边形，如图 2-31 所示。

单击"属性"面板中的"工具设置"选项组中的"选项"按钮，弹出"工具设置"对话框，如图 2-32 所示。在该对话框中可以自定义多边形的各种属性。

"样式"选项：在该选项的下拉列表中可选择"多边形"或"星形"，选择"多边形"在舞台中可绘制出多边形，选择"星形"在舞台中可绘制出星形。

图 2-30　多角星形工具"属性"面板

"边数"选项：设置多边形的边数，其取值范围为 3~32。

"星形顶点大小"选项：选择样式为星形时，星形顶点大小决定了顶点的深度，其值介于 0~1，数字越接近 0，创建的顶点就越细小，设置完成后可绘制各种星形，如图 2-33 所示。

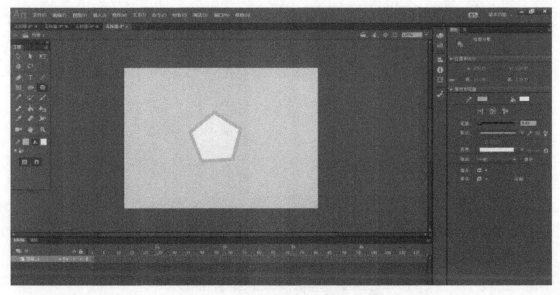

图 2-31　利用多角星形工具绘制的多边形

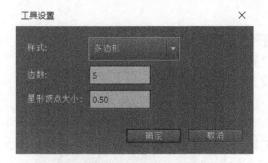

图 2-32　"工具设置"对话框

图 2-33　绘制各种星形

2.3　设计图形色彩

色彩是人的视觉器官对可见光的感觉。在动画中，同一背景、面积相同的物体，其色彩不同会给人以不同的感觉。色彩是动画设计与创作中不可或缺的重要元素。通过利用墨水瓶工具、颜料桶工具、渐变变形工具和"颜色"面板等可实现图形色彩设计。

2.3.1　颜料桶工具

颜料桶工具 是绘图编辑中主要的填色工具，可对封闭的轮廓范围或图形区块、区域进行颜色填充，该区域可以是无色区域，也可以是有颜色的区域。填充颜色可以使用纯色，也可以使用渐变色，还可以使用位图对闭合的轮廓进行填充。在"工具箱"面板中单击"颜料桶工具"按钮，"工具箱"面板下方会出现"间隔大小" 和"锁定填充" 两个按钮。如图 2-34 所示。

选择"颜料桶工具"，单击"间隔大小" 按钮，会弹出"间隔大小"下拉菜单选项，该菜单中共有 4 个选项，分别为"不封闭空隙""封闭空隙""封闭中等空隙"和"封闭大空隙"，如图 2-35 所示。

图 2-34 颜料桶工具组

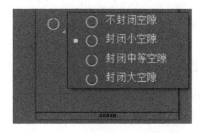

图 2-35 "间隔大小"菜单选项

- 不封闭空隙：颜料桶工具只对完全封闭的区域填充，对有任何细小空隙的区域填充不起作用。
- 封闭小空隙：颜料桶工具可以填充完全封闭的区域，也可填充有细小空隙的区域，但是对空隙太大的区域填充无效。
- 封闭中等空隙：颜料桶工具可以填充完全封闭的区域，也可填充有细小空隙和中等大小空隙的区域，但对有大空隙的区域填充无效。
- 封闭大空隙：颜料桶工具可以填充完全封闭、有细小空隙、中等大小空隙的区域，也可对大空隙的区域填充，但对于空隙尺寸过大的无法填充。

【例 2-1】新建一个文档，利用铅笔工具绘制一个不封闭的图形，使用颜料桶工具进行填色。

1）启动 Animate CC 2018，新建一个文档，设置舞台背景颜色为天蓝色，笔触颜色为红色，其他属性保持默认值。

2）选择"工具箱"面板中的"铅笔工具" ，在舞台上绘制一个不封闭的图形，如图 2-36 所示。

3）在"工具箱"面板中选择"颜料桶工具" ，舞台中的光标变为颜料桶图标形状，在颜料桶工具选项组的"间隔大小"选项中选择"封闭大空隙"。打开"颜色"面板，设置填充颜色为黄色。

4）在舞台上绘制的不封闭图形上单击进行填充，填充效果如图 2-37 所示。在 Animate CC 2018 中，选择"颜料桶工具"，单击"锁定填充"属性设置按钮 ，可锁定填充区域，利用"锁定填充"命令 可以对舞台上的图形进行相同颜色的填充。

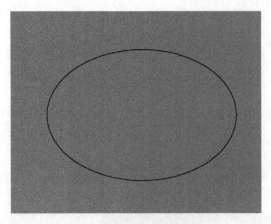

图 2-36　绘制不封闭的图形　　　　　　　　图 2-37　不封闭颜色填充

2.3.2 "颜色"面板

在 Animate CC 2018 中，利用"颜色"面板可以方便地对线条和图形的填充颜色进行创建和编辑。选择"窗口"→"颜色"命令，打开"颜色"面板，如图 2-38 所示。

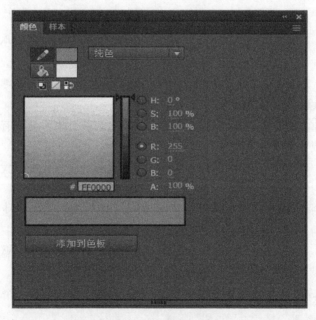

图 2-38　"颜色"面板

"笔触颜色"按钮 ：打开"颜色"面板，单击"笔触颜色"按钮，切换到笔触颜色设置，单击"笔触颜色"按钮右侧的色块按钮弹出调色板，选中调色板中的颜色即可完成笔触颜色的设置，如图 2-39 所示。

"填充颜色"按钮 ：打开"颜色"面板，单击"填充颜色"按钮，切换到填充颜色设置，单击"填充颜色"按钮右侧的色块按钮弹出调色板，选中调色板中的颜色即可完成填充颜色的设置。

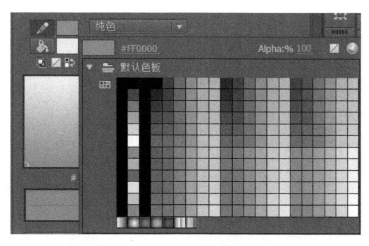

图 2-39　调色板

控制按钮组：控制按钮组位于"填充颜色"按钮下方，该按钮组中共有 3 个按钮，分别为"黑白""无色"和"交换颜色"按钮。单击"黑白"按钮 🔲，可以设置笔触颜色为黑色，填充颜色为白色；单击"无色"按钮 🔲 可以设置笔触颜色或填充颜色为无色；单击"交换颜色"按钮 🔁，可以实现笔触颜色与填充颜色相互交换。

"类型"列表：打开"颜色"面板，在该面板中可以对类型进行选择。单击色块右侧的级联按钮，在弹出的下拉菜单中共有 5 个选项，分别为"无""纯色""线性渐变""径向渐变"和"位图填充"，如图 2-40 所示。

HSB 模式颜色设置：可实现色相、饱和度和亮度的设置。单击"H"左侧按钮，切换到色相设置，在该部分可完成色相设置；单击"S"左侧按钮，切换到饱和度设置，在该部分可完成饱和度设置；单击"B"左侧的按钮，切换到亮度设置，在该部分可完成亮度设置。

图 2-40　"类型"选项菜单

RGB 模式颜色设置：可实现红、绿、蓝颜色值的设置。单击"R"左侧按钮，切换到红色设置，在相应的文本框中输入颜色值可完成红色颜色值的设置；单击"G"左侧按钮，切换到绿色设置，在相应的文本框中输入颜色值可完成绿色颜色值的设置；单击"B"左侧的按钮，切换到蓝色设置，在相应的文本框中输入颜色值可完成蓝色颜色值的设置。

颜色空间：颜色空间位于控制按钮组下方、HSB 模式与 RGB 模式的左侧，单击颜色空间可选择颜色。

颜色控件：颜色控件位于颜色空间和 HSB 模式与 RGB 模式的中间，单击 HSB 模式或 RGB 模式中的某个按钮后，颜色控件会随之发生变化。单击颜色控件中的某个部分或选中颜色控件两侧按钮按住鼠标左键上下拖拽鼠标可完成颜色设置。

"Alpha"文本框："Alpha"文本框位于 RGB 模式下方，可设置颜色的透明度。取值范围在 0%~100%，0% 为完全透明，100% 为完全不透明。

"颜色代码"文本框："颜色代码"文本框位于颜色空间下方，该文本框可显示以"#"

开头的十六进制模式的颜色代码，在文本框中输入颜色值可完成颜色设置。

颜色设置条：单击纯色按钮，在弹出的"类型"下拉菜单中选择"线性渐变"，会弹出一个颜色设置条，拖拽滑块可实现对颜色的设置。

"添加到色板"按钮：单击"添加到色板"按钮可以将选中的颜色添加到色板。

2.3.3 渐变填充

渐变是一种多色填充，可将一种颜色逐渐变为另一种颜色，在 Animate CC 2018 中，可将十多种颜色过渡应用于渐变。渐变填充主要包括线性渐变和径向渐变两种，两种渐变都可在"颜色"面板的"类型"列表中选择，选择"线性渐变"可完成线性渐变设置，选择"径向渐变"可完成径向渐变设置。

1. 线性渐变填充

线性渐变是创建从起点到终点沿直线逐渐变化的渐变，是沿着一根轴线（水平或垂直）改变颜色。选择"窗口"→"颜色"命令，打开"颜色"面板，单击"填充颜色"按钮，在弹出的下拉菜单中选择"线性渐变"，如图 2-41 所示。

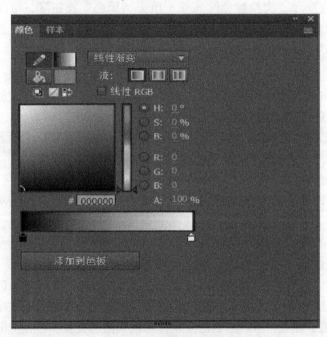

图 2-41 设置线性渐变

"流"选项：主要用来控制超出渐变范围的颜色布局模式。"流"有"扩展颜色""反射颜色""重复颜色"3 种模式。左侧为"扩展颜色"模式，中间的为"反射颜色"模式，右侧的为"重复颜色"模式，如图 2-42 所示。

颜色设置条：颜色设置条位于"添加到色板"按钮上方，默认情况下，颜色设置条上会有两个渐变色块，左边的渐变色块表示渐变的起始色，右边的渐变色块表示渐变的终止色。单击颜色设置条可添加渐变色块，在 Animate CC 2018 中，最多可以添加 15 个渐变色块，如图 2-43 所示。

图 2-42 "流"选项的 3 种模式

图 2-43 颜色设置条

📖 在 Animate CC 2018 中，如果要删除添加的渐变色块，需要选中添加的色块，按住鼠标左键拖拽色块至最左边或右边即可完成渐变色块删除。

2. 径向渐变填充

径向渐变是从起点到终点颜色从内到外进行圆形渐变，利用径向渐变可以创建一个从中心焦点出发沿环形轨道混合的渐变。径向渐变与线性渐变不同，线性渐变是直线渐变，而径向渐变则是圆形的渐变。选择"窗口"→"颜色"命令，打开"颜色"面板，单击"填充颜色"按钮，在弹出的下拉菜单中选择"径向渐变"，如图 2-44 所示。

图 2-44 设置径向渐变

颜色设置条位于"添加到色板"按钮上方，默认情况下，径向渐变的颜色设置条上有两个渐变色块，左边的色块表示渐变中心的颜色，右边的色块表示渐变的边沿色。

2.3.4 渐变变形工具

渐变变形工具 ![] 是任意变形工具组中的一个工具，该工具通过调整填充颜色的大小、方向或中心，可以使渐变填充或位图填充变形。单击工具箱中"任意变形工具"按钮右下角的按钮，在弹出的下拉菜单中选择"渐变变形工具"，如图 2-45 所示。

在工具箱中单击"椭圆工具"按钮，打开"颜色"面板，单击"笔触颜色"按钮，切换到笔触颜色设置，在"类型"列表中选择"线性渐变"。单击"填充颜色"按钮，切换到填充颜色设置，在"类型"列表中选择"线性渐变"。在舞台上绘制一个椭圆，单击工具箱中"任意变形工具"按钮右下角的按钮，在

图 2-45 渐变变形工具组

弹出的下拉菜单中选择"渐变变形工具"，在绘制好的椭圆上单击可得到如图 2-46 所示的效果图。

图 2-46　线性渐变

将光标指向椭圆中间的圆形控制柄 ◯ 上，按住鼠标左键向左或向右拖拽可以调整线性渐变填充的位置。将光标指向椭圆最右侧的控制柄上，拖动控制柄可以调整线性渐变填充的缩放。将光标指向椭圆右上角的控制柄 ◯ 上，此时光标变为 ◯，拖动控制柄可以调整线性渐变填充的方向。

在工具箱中单击"椭圆工具"按钮，打开"颜色"面板，单击"笔触颜色"按钮，切换到笔触颜色设置，在"类型"列表中选择"径向渐变"。单击"填充颜色"按钮，切换到填充颜色设置，在"类型"列表中选择"径向渐变"。在舞台上绘制一个椭圆，单击工具箱中"任意变形工具"按钮右下角的按钮，在弹出的下拉菜单中选择"渐变变形工具"，在绘制好的椭圆上单击可得到如图 2-47 所示的效果图。

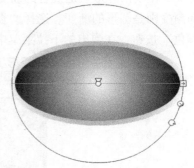

图 2-47　径向渐变

将光标指向中心的控制柄，按住鼠标左键向左或向右拖拽可以调整径向渐变填充的位置。将光标指向椭圆最右侧的控制柄上，拖动控制柄可以调整径向渐变填充的角度。将光标指向椭圆右下角的控制柄上，拖动控制柄可以调整径向渐变填充的方向。

2.3.5　位图填充

在 Animate CC 2018 中，利用绘图工具绘制完成的图形除了可以用纯色填充和渐变填充外，还可以使用位图填充对绘制的图形进行填充。选择"窗口"→"颜色"命令，打开"颜色"面板，单击"填充颜色"按钮，在弹出的下拉菜单中选择"位图填充"，如图 2-48 所示。

图 2-48　位图填充

2.4　绘制复杂图形

在动画设计与创作中，需要绘制一些复杂的图形效果。在绘制复杂图形时，需要用到钢笔工具、铅笔工具、画笔工具、部分选取工具和橡皮擦工具等。

2.4.1　钢笔工具

在 Animate CC 2018 中，使用钢笔工具可以绘制出折线以及平滑的直线或曲线，如图 2-49 所示。绘制完的曲线还可通过锚点的简单操作来调整曲线的形状。

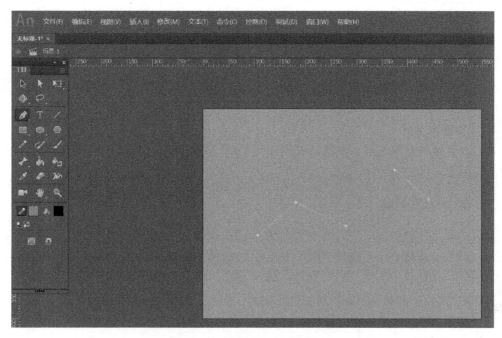

图 2-49　利用钢笔工具绘制折线

在工具箱中单击"钢笔工具"按钮，在弹出的下拉菜单有"钢笔工具""添加锚点工具""删除锚点工具"和"转换锚点工具"4 个选项，如图 2-50 所示。

1. 钢笔工具

在工具箱中选择"钢笔工具" 🖊️ ，将光标放置在舞台上想要绘制曲线的起点位置，然后按住鼠标左键不放，此时，出现第一个锚点，并且钢笔尖光标变为箭头形状。松开鼠标后，将光标放置在想要绘制的第二个锚点的位置，单击

图 2-50　"钢笔工具"选项菜单

鼠标左键并按住不放，绘制一条直线段，将光标向其他方向拖拽，直线转换为曲线，松开鼠标，此时，一条曲线绘制完成，如图 2-51 所示。利用相同的方法，可以绘制出多条曲线段组合而成的不同样式的曲线。

在绘制线段时，按住〈Shift〉键，再进行绘制，绘制出的线段将被限制为倾斜角度为 45°的倍数的线段，如图 2-52 所示。

图 2-51　利用钢笔工具绘制曲线　　　　　图 2-52　利用钢笔工具绘制图形

2. 添加锚点工具

在工具箱中单击"添加锚点工具"按钮 ，在曲线路径上需要添加锚点的位置单击，可以添加一个锚点。

3. 删除锚点工具

单击"删除锚点工具"按钮 ，将鼠标指针放置在已经存在的锚点上，单击可删除锚点。

4. 转换锚点工具

选择要转换锚点的图形，单击"转换锚点工具"按钮 ，在锚点上单击即可实现曲线锚点和直线锚点的转换。

2.4.2　部分选取工具

部分选取工具 主要用于对各对象的形状进行编辑，使用该工具可以精细地调整图形的形状。单击工具箱中的"椭圆工具"按钮，设置笔触颜色为白色，填充颜色为红色，在舞台上绘制一个椭圆，单击"部分选取工具"按钮，按住鼠标左键，框选绘制的椭圆（或单击椭圆的边缘），此时，椭圆的边缘会出现多个锚点，如图 2-53 所示。

拖拽椭圆边缘的锚点可以改变锚点的位置，在锚点上拖拽切换控制柄可以改变图形的形状，如图 2-54 所示。

图 2-53　使用部分选取工具选中绘制的图形　　　图 2-54　使用部分选取工具调整形状

单击工具箱中的"多角星形工具"按钮，设置笔触颜色为白色，填充颜色为红色，在舞台上绘制一个多边形，单击"部分选取工具"按钮，按住鼠标左键，框选绘制的多边形（或单击多边形的边缘），此时，多边形的边缘会出现多个锚点，如图 2-55 所示。

在如图 2-55 中所示的锚点是转角点，此时，如果要调整图形的形状，需要按住〈Alt〉键拖拽锚点，拖拽锚点后可得到 2-56 所示的图形效果。

在 Animate CC 2018 中，选中绘制的图形边缘，按住〈Shift〉键，可以同时选中多个锚点，选中某个锚点后按〈Delete〉键可以将其删除。

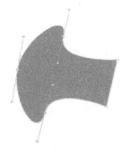

图 2-55　使用部分选取工具选中多边形　　　　图 2-56　使用部分选取工具改变图形形状

【例 2-2】利用 Animate CC 2018 绘制一个拉杆箱效果图。

1）启动 Animate CC 2018，新建一个文档。

2）在"新建文档"对话框中，设"宽"为 550 像素，"高"为 400 像素，"帧频"为 24，"背景颜色"设置为#66CCFF。

3）选择工具箱中的"钢笔工具"绘制拉杆箱轮廓，选择"线条工具"绘制拉杆箱轮子和侧面效果，如图 2-57 所示。

4）选择工具箱中的"颜料桶工具"，将填充颜色设置为 660000，对绘制好的拉杆箱正面进行颜色填充，如图 2-58 所示。

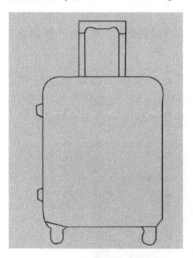
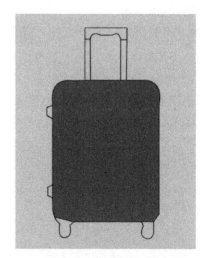

图 2-57　绘制拉杆箱轮廓　　　　　　图 2-58　拉杆箱正面颜色填充

5）选择工具箱中的"缩放工具" 🔍 将拉杆箱效果图进行放大，选择"颜料桶工具"，设置填充颜色为深灰色，将侧面效果填充为深灰色；设置填充颜色为 660000，将拉手部位进行颜色填充；设置填充颜色为白色，将拉杆部位进行颜色填充；设置填充颜色为黑色，对拉杆箱的两个轮子部位进行填充，如图 5-59 所示。

6）选择工具箱中的"线条工具"，设置颜色为黑色，在拉杆箱的正面绘制线条和正面图标。选择"颜料桶工具",将填充颜色设置为 660000,对绘制好的拉杆箱正面图标进行颜色填充,完成后的拉杆箱效果图如图 2-60 所示。

图 2-59　拉杆箱颜色填充

图 2-60　拉杆箱效果图

【例 2-3】利用 Animate CC 2018 绘制一个手机效果图。

1)启动 Animate CC 2018,新建一个文档。

2)在"新建文档"对话框中,设置"宽"为 600 像素,"高"为 500 像素,"帧频"为 24,"背景颜色"设置为#66CCFF。

3)选择工具箱中的"矩形工具"绘制手机轮廓,选择"椭圆工具"绘制手机按键和话筒效果,如图 5-61 所示。

4)选择工具箱中的"缩放工具" 将手机效果图进行放大,选择"颜料桶工具",设置填充颜色为深灰色,将正面效果填充为深灰色;选择"文本工具",设置字体系列为微软雅黑,样式为 Regular,大小为 45 磅,字体颜色为白色;在手机正面输入"9:00"调整好文本位置;设置字体大小为 15 磅,输入"11 月 5 日 星期二",调整好文本位置;设置字体大小为 10,输入"己亥年十月初九",调整好位置,最终效果图如图 5-62 所示。

图 2-61　手机框架效果

图 2-62　手机效果图

2.4.3 铅笔工具

在 Animate CC 2018 中，可以使用铅笔工具来绘制任意线条。选择工具箱中的"铅笔工具"，在"属性"面板中对工具进行设置，设置完成后在舞台上单击鼠标，按住鼠标左键不放，在舞台上可以绘制出线条，松开鼠标后效果如图 2-63 所示。

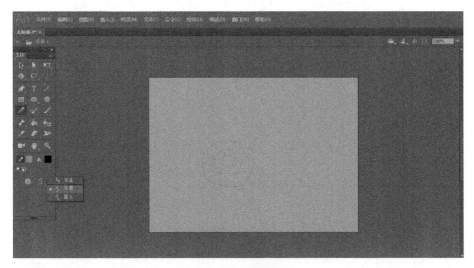

图 2-63　铅笔模式

在工具箱中单击"铅笔工具"按钮，在工具箱下"选项"选项组中单击"铅笔模式"按钮，会弹出 3 个选项，分别为"伸直""平滑"和"墨水"。铅笔模式决定了使用铅笔工具绘制的曲线以何种方式来对轨迹进行处理。

● 伸直：选择该模式可以绘制直线或圆等图形效果。在绘制图形时只需要勾勒出接近矩形、圆形、椭圆或三角形等形状的大致轮廓，Animate CC 2018 就能够自动将图形转换为这些最接近的图形效果，如图 2-64 所示。

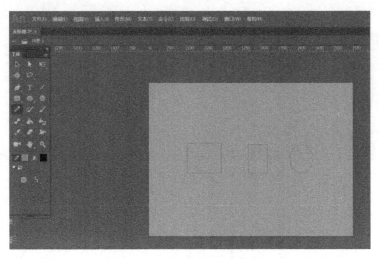

图 2-64　使用伸直模式时的绘图效果

● 平滑：选择该模式可以绘制平滑曲线。选择该模式进行图形绘制时，Animate CC 2018 会自动平滑绘制的曲线，可获得圆弧效果，得到的曲线效果也会比较平滑，如图 2-65 所示。

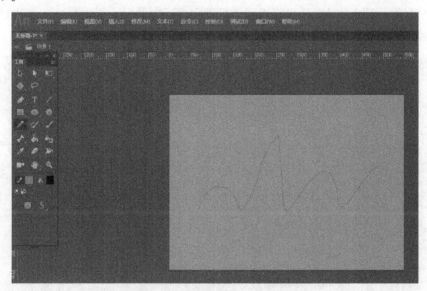

图 2-65　使用平滑模式时的绘图效果

● 墨水：选择该模式进行图形绘制，Animate CC 2018 不会对绘制出的图形效果进行修改，因此绘制出的图形效果接近于手绘图形效果，如图 2-66 所示。

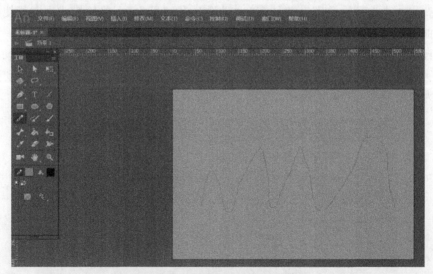

图 2-66　使用墨水模式时的绘图效果

2.5　绘制特殊图形

在 Animate CC 2018 中，除了要绘制一些简单的线条和规则的图形之外，还需要绘制一些特殊的图形，利用画笔工具可以绘制特殊的图形效果。

2.5.1 画笔工具

在 Animate CC 2018 中，利用画笔工具可以绘制出线条、矢量色块或创建特殊的绘制效果。利用画笔工具可以创建更生动和自由的图形，还可以让图形具有重复样式的边框和装饰图案。"工具箱"面板中的"画笔工具(Y)" ✔ 如图 2-67 所示。"工具箱"面板中的"画笔工具(B)" ✔ 如图 2-68 所示。

图 2-67　画笔工具（Y）组　　　　　图 2-68　画笔工具（B）组

选中工具箱中的"画笔工具(Y)"后，在"工具"面板中会显示"对象绘制(J)""画笔模式"等选项按钮。

- "对象绘制"按钮 ▣：单击"对象绘制"按钮可以启用对象绘制模式。选择用对象绘制模式创建的图形时，Animate CC 2018 会在图形周围添加矩形边框来进行标识。
- "画笔模式"按钮 ▶：单击"画笔模式"按钮，在弹出的下拉菜单中有 3 个选项，分别为"伸直""平滑"和"墨水"。选择"伸直"选项，利用画笔工具绘制的线条可以尽可能地规整为几何图形；选择"平滑"可以使绘制的线条尽可能地消除线条边缘的棱角，使线条更加光滑；选择"墨水"，可使绘制出的线条更加接近手绘的感觉。"画笔模式"按钮如图 2-69 所示。

图 2-69　画笔工具（Y）中的画笔模式

选中工具箱中的"画笔工具（B）"后，在"工具"面板中会显示"对象绘制（J）""锁定填充""画笔模式""画笔大小""画笔形状"等选项按钮。

- "对象绘制"按钮 ▣：单击该按钮可以启用对象绘制模式。
- "锁定填充"按钮 ▣：单击"锁定填充"按钮，将会锁定上一次绘图时的笔触颜色变化规律，并将该规律扩展到整个舞台。
- "画笔模式"按钮 ▣：单击"画笔模式"按钮，在弹出的下拉菜单中有"标准绘画""颜料填充""后面绘画""颜料选择"和"内部绘画" 5 个选项，如图 2-70 所示。利用标准绘画模式绘制的图形会覆盖下面的图形；选择"颜料填充"模式可以对图形的填充区域或者空白区域进行涂色；选择"后面绘画"模式，可以在图形的后面进行涂色，不会影响原有线条和填充；选择"颜料选择"模式，可以对已选择的区域进行涂绘，不会影响未被选择的区域。

- "画笔大小"按钮 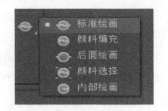：单击"画笔大小"按钮，在弹出的下拉菜单中共有 9 种选项供用户选择，如图 2-71 所示。
- "画笔形状"按钮 ：单击"画笔形状"按钮，在弹出的下拉菜单中共有 9 种选项供用户选择，如图 2-72 所示。

图 2-70　画笔工具（B）中的画笔模式的选项

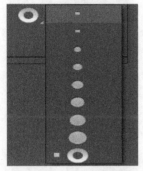

图 2-71　画笔工具（B）中画笔大小的选项

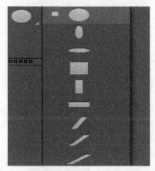

图 2-72　画笔工具（B）中画笔形状的选项

选择"画笔工具(Y)"，打开"属性"面板，如图 2-73 所示。通过调整"属性"面板中的"笔触""样式""宽度""缩放""端点""接合""平滑"以及"画笔选项"等，可改变画笔绘制的图形效果。通过拖动"属性"面板中"笔触"右侧的滑块或在"笔触"右侧的文本框内直接输入笔触数值可以调整笔触的大小。

选择"画笔工具(B)"，打开"属性"面板，如图 2-74 所示。通过调整"属性"面板中的"笔触""样式""宽度""缩放""端点""接合""画笔""大小"以及"平滑"等选项，可改变画笔绘制的图形效果。

图 2-73　画笔工具（Y）的"属性"面板

图 2-74　画笔工具（B）的"属性"面板

单击"画笔工具（Y）"按钮，打开"属性"面板，单击"属性"面板中"样式"右侧的级联按钮，在弹出的下拉菜单中会显示 7 个选项，分别为"极细线""实线""虚线""点状线""锯齿线""点刻线"和"斑马线"，如图 2-75 所示。

如果要打开画笔库，需要单击"属性"面板中的"画笔库"按钮，如图 2-76 所示。

图 2-75 "样式"下拉菜单选项

图 2-76 "画笔库"按钮

单击"画笔库"按钮 可以打开"画笔库"面板，如图 2-77 所示。

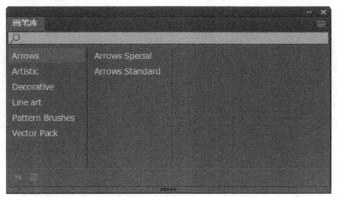

图 2-77 "画笔库"面板

选择"宽度"选项，在弹出的下拉菜单中显示 7 个选项，分别为"均匀""宽度配置文件 1""宽度配置文件 2""宽度配置文件 3""宽度配置文件 4""宽度配置文件 5"和"宽度配置文件 6"，如图 2-78 所示。

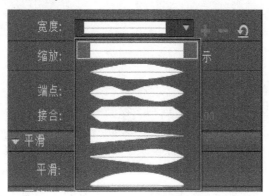

图 2-78 "宽度"选项菜单

选择"缩放"选项，在弹出的下拉菜单中显示有 4 个选项，分别为"一般""水平""垂直"和"无"，如图 2-79 所示。

图 2-79 "缩放"选项菜单

选择"端点"选项，在弹出的下拉菜单中显示有 3 个选项，分别为"圆角""方形"和"无"如图 2-80 所示。

选择"接合"选项，在弹出的下拉菜单中显示有 3 个选项，分别为"尖角""圆角"和"斜角"，如图 2-81 所示。

图 2-80 "端点"选项菜单

图 2-81 "接合"选项菜单

📖 Animate CC 2018 绘制模式主要有 3 种，分别为合并绘制模式、对象绘制模式和基本绘制模式。绘制模式对于舞台上的对象编辑起着重要的作用。默认情况下，Animate CC 2018 使用的是合并绘制模式，如果要启用对象绘制模式，可选择"工具箱"面板上的工具，如椭圆工具、矩形工具，多角星形工具等，然后单击"工具箱"面板中选项组中的对象绘制按钮即可。如果选择"基本矩形"或"基本椭圆"，可使用基本绘制模式。

2.5.2 橡皮擦工具

橡皮擦工具 ✐ 可以方便地清除图形中多余的部分或错误的部分。单击"工具箱"面板中的"橡皮擦工具"按钮，将鼠标指针移到要擦除的图形上，按住鼠标左键拖动，即可将经过路径上的图像擦除。单击"橡皮擦工具"按钮，在"工具箱"面板下方的"选项"选项组中会出现 3 个按钮，分别为"橡皮擦模式""水龙头"和"橡皮擦形状"。

1. 橡皮擦模式

单击"橡皮擦工具"按钮，在"工具箱"面板下方的"选项"选项组中单击"橡皮擦模式"按钮，在弹出的下拉菜单中共有 5 个选项，分别为"标准擦除""擦除填色""擦除线条"" 擦除所选填充"和"内部擦除",如图 2-82 所示。

- "标准擦除":正常的擦除模式,即默认的直接擦除模式。
- "擦除填色":只擦除填色区域内的填充颜色,对图形中的线条不产生影响。
- "擦除线条":只擦除图形的笔触颜色,对图形中的填充颜色不产生影响。
- "擦除所选填充":只对选中的填充区域有效,对其他的色彩不产生影响。

图 2-82 "橡皮擦模式"选项菜单

- "内部擦除":只对鼠标按下时所在颜色块有效,对其他的色彩不产生影响。

2. 水龙头

水龙头工具 的功能类似于颜料桶工具和墨水瓶工具功能的反作用,只需要在擦除的填充颜色或轮廓线上单击,即可快速地将图形的填充颜色整体去掉,或将图形的轮廓线全部擦除。

在 Animate CC 2018 中,橡皮擦工具只可以对矢量图形进行擦除,但对文字和位图则无效。若要擦除文字或位图,需要按两次〈Ctrl+B〉组合键将其打散,打散后可以利用橡皮擦工具进行擦除。若要快速擦除矢量色块和线段,需要选中"水龙头工具",在需要擦除的矢量色块或线段位置单击即可快速擦除填充颜色或线段。

3. 橡皮擦形状

选择"工具箱"面板中的"橡皮擦工具",在"工具箱"面板下方的"选项"选项组中单击"橡皮擦形状"按钮,在弹出的下拉菜单中共有 10 个橡皮擦形状选项,如图 2-83 所示。

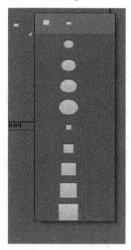

图 2-83 "橡皮擦形状"选项菜单

2.5.3 宽度工具

宽度工具 是 Animate CC 2018 软件区别于传统 Flash 软件的主要部分,传统的 Flash 软件的工具箱中无宽度工具,因此,有必要了解一下宽度工具的使用。宽度工具 可以针对舞台上的绘图加入不同形式和粗细的宽度。单击"工具箱"面板中的"矩形工具"按钮,设置笔触颜色为红色,填充颜色为咖啡色,在舞台上绘制一个简单的矩形,选中"宽度工具",在矩形的下边缘线上单击,此时矩形边缘线会出现锚点,按住鼠标左键下拉即可拉宽该边缘线,得到另一个图形效果,如图 2-84 所示。

图 2-84 利用宽度工具调整图形

47

2.6　其他辅助绘制工具

在绘制图形时，有时需要使用一些辅助绘图工具来完成图形的绘制。常用的辅助工具有选择工具、套索工具、手形工具和缩放工具等。如要调整图形的形状以及去除不需要的图形或查看图形某个局部的细节等，都需要用到辅助工具来实现。

2.6.1　选择工具

在 Animate CC 2018 中，用于对象选取的工具主要有 3 个，即选择工具、部分选取工具和套索工具，分别用来实现对象的选取、调整曲线、移动和自由选定要选择的区域。

1. 选择工具

选择工具主要用于选择和移动图形，同时还可以调整矢量线条和色块。单击工具箱中的"选择工具"按钮，在"工具箱"面板下方出现 3 个按钮，分别为"贴紧至对象""平滑"和"伸直"按钮。

- "贴紧至对象"按钮：单击该按钮，在进行绘图、移动等操作时自动将舞台上两个对象定位到一起，实现对齐。
- "平滑"按钮：单击该按钮，可以对选择的线条进行柔化处理。
- "伸直"按钮：可以锐化选择的曲线条。

在 Animate CC 2018 中，绘制一个简单的图形，单击"选择工具"按钮，选中图形对象，按住〈Alt〉键，拖拽选中的对象到任意位置，选中的对象会被复制。

2. 部分选取工具

部分选取工具主要用于图形对象的选择；也可选择边缘轮廓线上的锚点，通过拖拽锚点上的控制柄来对图形轮廓进行调整。

3. 套索工具

套索工具主要用于在舞台上创建不规则的选区，可实现对多个对象的选取。单击"套索工具"按钮，在弹出的下拉菜单中共有 3 个选项，分别为"套索工具""多变形工具"和"魔术棒"，如图 2-85 所示。

图 2-85　"套索工具"选项菜单

2.6.2　手形工具

在 Animate CC 2018 中，利用绘图工具绘制的图形如过大或舞台过大会有部分图形效果在视图窗口中不能完全显示出来，此时，可以利用手形工具来移动舞台，让未能在视图窗口中显示出来的部分可以显示出来。

2.6.3　缩放工具

缩放工具 可用来放大或缩小舞台显示的大小，也可用于对绘制的图形进行放大或缩小；尤其是处理图形的细微之处，使用缩放工具可以帮助设计者完成一些细节的修改或设计。单击"缩放工具"按钮，"工具箱"面板下方会出现"放大" 和"缩小" 两个按钮，单击"放大"按钮，在需要放大的图形位置处单击即可实现该部分图形的放大显示；单击"缩小"按钮，在需要缩小的图形位置处单击即可实现该部分图形的缩小显示。

2.7 思考与练习

1. 填空题

1）利用 Animate CC 2018 工具箱中工具绘制的图形是_____，绘制出来的图形可以_____而不失真，同时，也能保证获得的动画文件体积较小。

2）在 Animate CC 2018 中，利用"工具箱"面板中的_____、_____和_____可以绘制一些简单的图形。

2. 简答题

1）绘制图形的工具主要有哪些？

2）什么是宽度工具？如何使用宽度工具？

2.8 上机操作

2.8.1 绘制卡通狮子

利用 Animate CC 2018 软件绘制一个卡通狮子。

主要操作步骤指导：

1）启动 Animate CC 2018，新建一个文档，设置好舞台背景色，其他属性保持默认值，如图 2-86 所示。

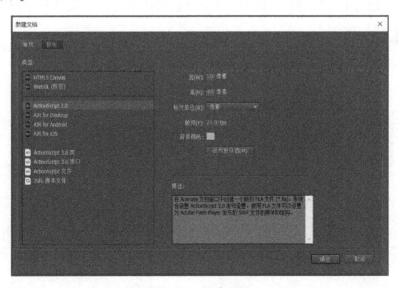

图 2-86 新建文档

2）在工具箱中选择"钢笔工具"，打开"属性"面板，设置笔触大小为 2，笔触颜色为黑色，依次在舞台上单击，绘制一个由折线构成的封闭图形。绘制完成轮廓后，利用选择工具框选绘制的图形，在工具箱中选择"转换锚点工具"，依次拖动图形上的各个锚点将它们转换为曲线点，同时拖动控制柄对曲线的弯曲弧度进行调整，如图2-87所示。

3）再次选择"钢笔工具"，在刚绘制的图形中再绘制一个封闭图形。在工具箱中选择"转换锚点工具"，将图形上的锚点依次转换为曲线点，同时调整曲线的形状，完成狮子脸部的外形绘制。在工具箱中选择"铅笔工具"，在"工具箱"面板的"选项"选项组中将"铅笔模式"设置为"平滑"，在狮子头部的耳朵部位拖动鼠标绘制两条弧线；在工具箱中选择"椭圆工具"，在脸部绘制两个黑色的无笔触的椭圆作为狮子的眼睛。利用多角星形工具绘制一个三角形，设置好属性，使用转换锚点工具将三角形底边两个端点设置为曲线，调整好曲线的形状。在工具箱中选择"线条工具"，拖动鼠标在狮子鼻子下方绘制一条线段，在工具箱中选择"添加锚点工具"，在线段中间单击，添加一个锚点；在工具箱中选择"转换锚点工具"，将线段两端的锚点转换为曲线点，调整好曲线的形状，如图2-88所示。

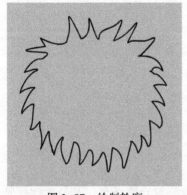 

图2-87 绘制轮廓　　　　　　　　　　　图2-88 绘制狮子头部

4）选择"钢笔工具"，利用相同的方法绘制狮子的身体、双脚和尾巴，如图2-89所示。

5）绘制完成后进行颜色填充。选择"颜料桶工具"，设置填充色为#FF9900。用颜料桶工具进行颜色填充，填充完成后的效果图如图2-90所示。

图2-89 绘制狮子效果　　　　　　　　　图2-90 卡通狮子效果

6）按〈Ctrl+Enter〉组合键测试影片，显示卡通狮子效果。

50

2.8.2　绘制卡通熊猫

利用 Animate CC 2018 软件绘制一个卡通熊猫。

主要操作步骤指导：

1）启动 Animate CC 2018，新建一个文档，设置"宽"和"高"为 600 像素，其他属性设置保持默认值，如图 2-91 所示。

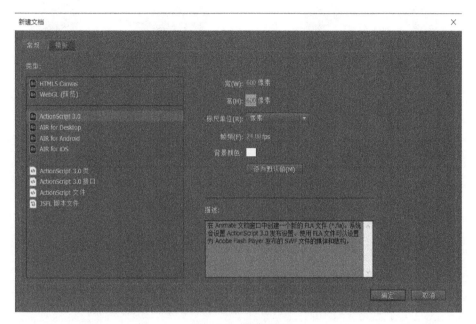

图 2-91　新建文档

2）选择工具箱中的"椭圆工具"，笔触颜色为黑色，填充颜色为无，绘制一个圆形，利用选择工具对其形状进行微调。再次选择"椭圆工具"，设置笔触颜色为黑色，填充颜色为无，绘制一个圆，删除部分圆弧，再复制删除部分圆弧的图形，调整好位置，熊猫头部轮廓绘制完成，如图 2-92 所示。

3）选择工具箱中的"椭圆工具"，设置好笔触颜色和填充颜色，绘制卡通熊猫眼睛和鼻子以及嘴巴等部位，利用选择工具对其绘制完成的形状进行微调，绘制完成的效果图如图 2-93所示。

图 2-92　绘制卡通熊猫头部轮廓

图 2-93　绘制卡通熊猫头部效果

4）选择工具箱中的"椭圆工具"，设置好笔触颜色和填充颜色，绘制卡通熊猫身体其他部位，并进行颜色填充，绘制完成的效果图如图2-94所示。

5）选择工具箱中的"矩形工具"，设置好笔触颜色和填充颜色，绘制竹子。选择工具箱中的"椭圆工具"，设置好笔触颜色和填充颜色，绘制竹叶。绘制完成的效果图如图2-95所示。

图2-94　卡通熊猫

图2-95　绘制完成的效果图

6）按〈Ctrl+Enter〉组合键测试影片，显示卡通熊猫效果，如图2-96所示。

图2-96　卡通熊猫效果

2.8.3 绘制卡通鱼

利用 Animate CC 2018 软件绘制一条卡通鱼。

主要操作步骤指导：

1）启动 Animate CC 2018，新建一个文档，设置好舞台背景色，其他属性保持默认值，如图 2-97 所示。

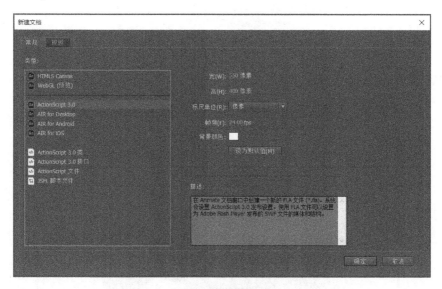

图 2-97 新建文档

2）利用椭圆工具绘制鱼的眼睛；利用线条工具绘制鱼嘴、身体、尾巴和鱼鳍，并对绘制的效果进行修改，获得需要的鱼嘴、身体、尾巴和鱼鳍效果，如图 2-98 所示。

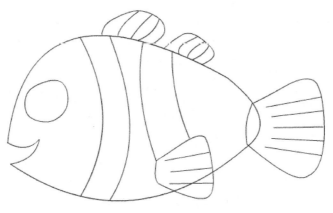

图 2-98 绘制卡通鱼轮廓

3）利用颜料桶工具对绘制的图形进行颜色填充。设置填充色为 990000，选择"颜料桶工具"，在绘制好的图形中单击，即可完成颜色填充。填充颜色后的卡通鱼效果如图 2-99 所示。

图 2-99　填充颜色后的卡通鱼

4）按〈Ctrl+Enter〉组合键测试影片，显示卡通鱼效果，如图 2-100 所示。

图 2-100　卡通鱼效果

第3章　对象的编辑与修饰

在 Animate CC 2018 中绘制好图形对象后，为了获得更好的效果，需要对图形对象做进一步的编辑与修饰，如图形对象的变形、图形对象的移动和缩放、图形对象的对齐和排列、图形对象的合并和组合以及旋转等操作。

3.1　对象的变形

在完成图形的绘制后，需要对图形对象进行编辑处理，如图形对象形状的修改等。在 Animate CC 2018 中，可以利用"工具箱"面板中的任意变形工具来实现图形对象的变形操作。在工具箱中单击"多角星形工具"按钮，单击"工具箱"面板下方的"对象绘制"按钮和"贴紧至对象"按钮，在舞台上绘制一个五角星。单击"工具箱面板"中的"任意变形工具"按钮，选中绘制的五角星，此时，五角星的边缘线上会出现多个锚点，光标指向右侧边线中间的锚点，按住鼠标左键向上拖拽，此时，五角星的形状会发生变化，如图 3-1 所示。

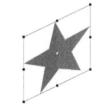

图 3-1　图形对象的变形

3.1.1　线条的平滑和伸直

线条的平滑和伸直是在图形绘制完成后对图形进行处理的常用操作。选中工具箱中的绘图工具，在舞台上绘制一个图形，如图 3-2 所示。

选中所绘制的图形，选择"修改"→"形状"命令，菜单中显示"平滑""伸直""高级平滑""高级伸直""优化"等选项，如图 3-3 所示。选择"平滑"或"伸直"选项可对绘制的图形进行平滑或伸直处理；选择"高级平滑"选项，可打开"高级平滑"对话框，如图 3-4 所示。

图 3-2　绘制图形

在"高级平滑"对话框中主要有"下方的平滑角度""上方的平滑角度"以及"平滑强度"等选项。单击"下方的平滑角度"前的复选框，可选中该选项，然后，在"下方的平滑角度"右侧可以设置其大小。单击"上方的平滑角度"前的复选框，可选中该选项，然后，在"上方的平滑角度"右侧可以设置其大小。此外，还可以在"平滑强度"文本框内输入平滑强度数值。

打开"高级平滑"对话框，设置"下方的平滑角度"为 90°，"上方的平滑角度"为 110°，"平滑强度"为 10，设置完成后单击"确定"按钮，即可实现图形平滑设置。设置完

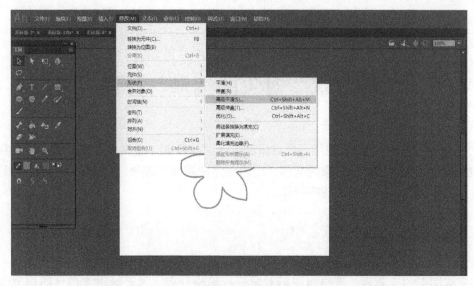

图 3-3 选择"高级平滑"选项

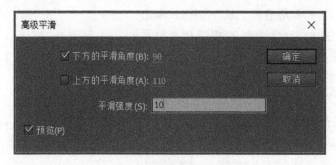

图 3-4 "高级平滑"对话框

成后的效果如图 3-5 所示。

选择"修改"→"形状"→"高级伸直"选项,打开"高级伸直"对话框,如图 3-6
所示。在对话框中设置"伸直强度"为 5,设置完成后单击"确定"按钮,即可实现图形
伸直设置。设置完成后的效果如图 3-7 所示。

图 3-5 图形对象的
变形(一)

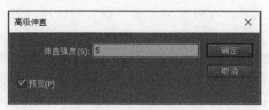

图 3-6 "高级伸直"
对话框

图 3-7 图形对象的
变形(二)

3.1.2 对象的任意变形

在 Animate CC 2018 中，在舞台上绘制完图形对象后，可以利用任意变形工具或选择"修改"→"变形"级联菜单中的命令来实现对图形对象的操作。选择"修改"→"变形"，在弹出的级联菜单中有 11 个选项，分别为"任意变形""扭曲""封套""缩放""旋转与倾斜""缩放和旋转""顺时针旋转 90 度""逆时针旋转 90 度""垂直翻转""水平翻转"和"取消变形"，如图 3-8 所示。

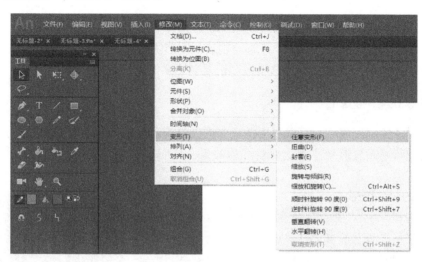

图 3-8　变形选项

- 任意变形：可以实现对图形对象的缩放、旋转和扭曲等操作。
- 扭曲：可以实现对图形对象的扭曲操作。
- 封套：可以在图形封套后任意改变其形状。修改封套的效果如图 3-9 所示。

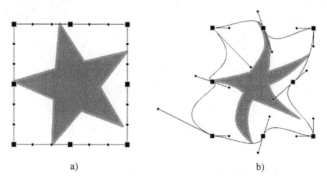

图 3-9　修改封套
a）修改前　b）修改后

- 缩放：可以实现对图形对象的缩放操作。
- 旋转与倾斜：可以实现对图形对象的旋转与倾斜操作。
- 缩放和旋转：可以实现对图形对象的缩放与旋转操作。此外，还可以根据需要对图形对

象的缩放和旋转的数值进行设置，如图 3-10
所示。

图 3-10 "缩放和旋转"对话框

- 顺时针旋转 90 度：可以实现对图形对象的顺时针旋转 90 度操作。
- 逆时针旋转 90 度：可以实现对图形对象的逆时针旋转 90 度操作。
- 垂直翻转：可以实现对图形对象的垂直翻转操作。
- 水平翻转：可以实现对图形对象的水平翻转操作。
- 取消变形：在绘制完图形后，可对绘制后的图形进行变形操作，如果不满意该变形后的效果，选择"取消变形"选项即可恢复到原来的图形效果。

3.1.3 对象的精确变形

在图形对象绘制完成后，可以利用任意变形工具实现对图形对象的变形操作，但有些图形对象需要进行精确变形后才能达到较好的效果，此时，利用"变形"面板可以实现图形对象的精确变形。

1. 对象的精确变形

选择"窗口"→"变形"命令，或按〈Ctrl+T〉组合键，打开"变形"面板，如图 3-11 所示。

缩放宽度和缩放高度：默认值为 100%，如果要调整缩放宽度和高度值需要重新设置。

"约束"按钮 ：可以将宽度值和高度值锁定在一起。在对选择的图形对象进行缩放变形时，单击该按钮可使其处于锁定状态，实现对图形的宽度和高度按照相同比例缩放。再次单击则可解除缩放时对宽度和高度的约束。

"重置缩放"按钮：单击该按钮，可以取消用户对对象设置的缩放变形。

图 3-11 "变形"面板

"旋转"选项：选中该选项，可以设置旋转的角度参数。

"倾斜"选项：选中该选项，可以设置水平倾斜和垂直倾斜的角度参数。

"3D 旋转"：对在舞台中 3D 空间中旋转后的影片剪辑实例显示出立体方向角度。

"3D 中心点"：显示对象的旋转控件中心点的位置属性，可以在"变形"面板中修改中心点的位置。

"水平翻转所选内容"按钮：单击该按钮，可以对选定的图形对象进行水平翻转。

"垂直翻转所选内容"按钮：单击该按钮，可以对选定的图形对象进行垂直翻转。

"重置选区和变形"按钮：单击该按钮，复制图形并将变形设置用于图形，如图 3-12 所示。

"取消变形"按钮：单击该按钮，可以将选择对象还原到变形前的状态。

选择工具箱中的"基本椭圆工具",打开"属性"面板,设置椭圆内径为82.94,笔触颜色设置为红色,填充颜色设置为深红色,在舞台上绘制一个图形,如图3-13所示。

a)　　　　　b)

图3-12　旋转并复制图形（一）　　　　图3-13　绘制圆环

选择"窗口"→"变形"命令,或按〈Ctrl+T〉组合键,打开"变形"面板,选中"旋转"选项,设置旋转角度为80°,选中"倾斜"选项,设置水平倾斜角度为90°,垂直倾斜角度为98°,如图3-14所示。

完成设置后,在舞台空白处单击,即可实现图形的精确变形,如图3-15所示。

图3-14　变形设置（一）　　　　图3-15　精确变形效果

2. 重置选区和变形

单击工具箱中的"矩形工具"按钮,绘制一个矩形的长条,选择"任意变形工具",重新放置中心,将中心拖放到图形下面的边上,单击"工具箱"面板下方的"扭曲"按钮![扭曲],拖动矩形下面边上的控制柄调整其形状,如图3-16所示。

图3-16　绘制矩形
并调整形状

选择"窗口"→"变形"命令,打开"变形"面板,利用该面板可以对选择的图形对象进行精确的变形。在"变形"面板中单击"旋转"按钮,将旋转角度设置为45°,选择"倾斜"选项,将水平倾斜角度和垂直倾斜角度都设置为45°,如图3-17所示。

单击"重置选区和变形"按钮7次,便可旋转并复制图形,如图3-18所示。

图 3-17　变形设置（二）

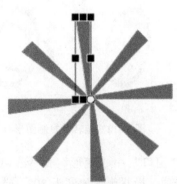

图 3-18　旋转并复制图形（二）

3.2　对象的对齐和排列

在 Animate CC 2018 中，绘制复杂图形对象时，需要将图形对象分解为多个小的图形进行绘制，通过对多个小的图形进行对齐和排列等处理，便可构成一个完整的图形。

3.2.1　对象的对齐

复杂的图形通常由多个图形构成，在舞台上绘制的多个图形，需要精确确定多个对象间的相对位置。在 Animate CC 2018 中，可以利用"对齐"菜单命令或"对齐"面板来调整多个图形对象之间的相对位置，以及图形对象相对于舞台的位置。选择"修改"→"对齐"命令，可以打开"对齐"命令中的 11 个选项，分别为"左对齐""水平居中""右对齐""顶对齐""垂直居中""底对齐""按宽度均匀分布""按高度均匀分布""设为相同宽度""设为相同高度"和"与舞台对齐"，如图 3-19 所示。

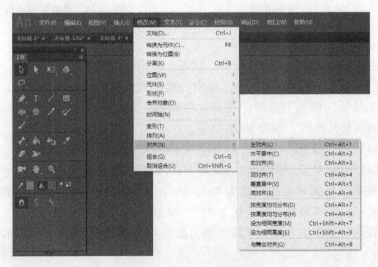

图 3-19　"对齐"命令选项

利用"对齐"面板和辅助线可以调整多个对象之间的相对位置和对象相对于舞台的位置。选择"窗口"→"对齐"命令，可以打开"对齐"面板，如图3-20所示。

对齐：该选项区域中共有6个选项，分别为"左对齐""水平中齐""右对齐""顶对齐""垂直中齐"和"底对齐"。选中图形对象，单击不同的对齐方式可设置不同的对齐效果。

分布：该选项区域中共有6个选项，分别为"顶部分布""垂直居中分布""底部分布""左侧分布""水平居中分布"和"右侧分布"。选中图形对象，单击不同的分布方式可设置不同的分布效果。

图3-20 "对齐"面板

匹配大小：该选项区域中共有3个选项，分别为"匹配宽度""匹配高度"和"匹配宽和高"。选中图形对象，单击不同的匹配方式可设置不同的匹配效果。

间隔：该选项区域中共有两个选项，分别为"垂直平均间隔"和"水平平均间隔"。选中图形对象，单击不同的间隔方式可设置不同的间隔效果。

与舞台对齐：单击选中该复选框，可以使图形对象以设计区的舞台为标准，进行对象的对齐、分布、匹配大小和间隔设置，如取消选中，只对舞台上选中的图形对象进行对齐与分布。

3.2.2 对象的排列

在Animate CC 2018中，在舞台上绘制图形多个对象时，图形对象会按照绘制的先后顺序以层叠状态显示。先绘制的图形对象在下层，后绘制的图形对象在上层，上层的图形对象将会部分或全部遮盖下层的图形。选择"修改"→"排列"命令，打开"排列"级联菜单，该菜单中共有6个选项，分别为"移至顶层""上移一层""下移一层""移至底层""锁定"和"解除全部锁定"，如图3-21所示。

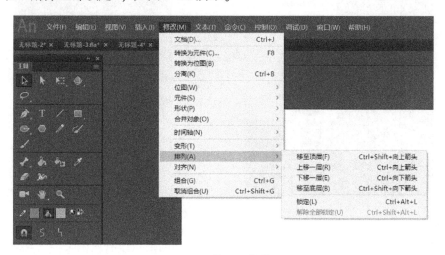

图3-21 "排列"菜单选项

选择工具箱中的"多角星形工具",单击"对象绘制"按钮和"贴紧至对象"按钮,打开"属性"面板,将笔触颜色和填充颜色设置为红色,单击工具设置中的"选项"按钮,打开"工具设置"对话框,将"样式"设置为星形,单击"确定"按钮,在舞台上绘制一个五角星。选择"椭圆工具",单击"对象绘制"按钮和"贴紧至对象"按钮,打开"属性"面板,设置笔触颜色和填充颜色均为蓝色,在舞台上绘制一个椭圆。选中椭圆,选择"修改"→"排列"→"移至底层"选项,便可实现图形对象的排列,如图 3-22 所示。

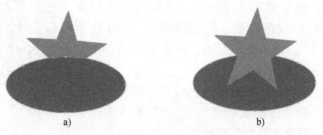

图 3-22 排列图形对象
a) 执行"移至底层"命令前 b) 执行"移至底层"命令后

3.2.3 对象的贴紧

"贴紧"命令可以方便用户精准调整图形对象与其他对象、网格线、参考线以及像素网格点之间的位置关系。选择"视图"→"贴紧"命令,打开"贴紧"级联菜单,"贴紧"菜单选项中共有 7 个选项,分别为"贴紧对齐""贴紧至网格""贴紧至辅助线""贴紧至像素""贴紧至对象""将位图贴紧至像素"和"编辑贴紧方式",如图 3-23 所示。

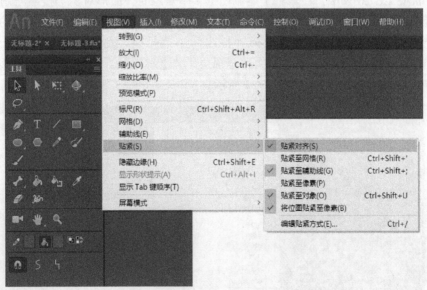

图 3-23 "贴紧"命令选项

- 贴紧对齐:贴紧对齐可以有效地帮助用户在移动图形对象时精确定位。选择工具箱中的"绘图工具",在舞台上绘制一个长方形和一个椭圆,选择"视图"→"贴紧"→"贴紧对齐"命令,移动一个图形靠近另一个图形,此时,在其轮廓线上会出现对齐的参考线，如图 3-24 所示。
- 贴紧至网格：选择"视图"→"网格"→"显示网格"命令，然后选择"视图"→"贴紧"→"贴紧至网格"命令，可以使图形对象的边缘与网格边缘贴紧。
- 贴紧至辅助线：选择"视图"→"标尺"命令，打开标尺，拖拽出两个辅助线，然后，选择"视图"→"贴紧"→"贴紧至辅助线"命令，可以使图形对象中心和辅助线贴紧。
- 贴紧至像素：选择该命令可以将图形对象与单独的像素或像素的线条贴紧。选择"视图"→"网格"→"显示网格"命令，然后，选择"视图"→"网格"→"编辑网格"命令，打开"网格"对话框，将网格尺寸设置为 2 像素☞2 像素，单击"确定"按钮，如图 3-25 所示。

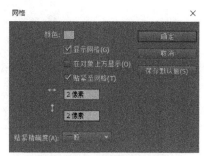

图 3-24　贴紧对齐图形　　　　　　　图 3-25　"网格"对话框

选择"视图"→"贴紧"→"贴紧至像素"命令，选择"工具箱"面板中的"矩形工具"，在舞台上绘制一个长方形，此时，长方形的边缘贴紧至像素，如图 3-26 所示。

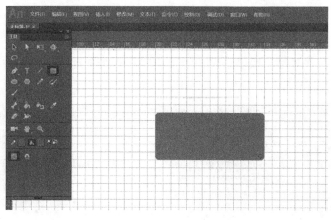

图 3-26　贴紧至像素

- 贴紧至对象：选择该命令可以使对象沿着其他对象的边缘直接与它们贴紧。
- 将位图贴紧至像素：选择"视图"→"贴紧"→"将位图贴紧至像素"命令，可以将位图贴紧至像素。
- 编辑贴紧方式：选择"视图"→"贴紧"→"编辑贴紧方式"命令，可以打开"编辑贴紧方式"对话框。通过该对话框可设置对象的"贴近对齐""贴紧至网格""贴紧至辅助线""贴紧至像素""贴紧至对象""将位图贴紧至像素"，以及"高级"中的"贴紧对齐设置"选项组中的选项，如图3-27所示。

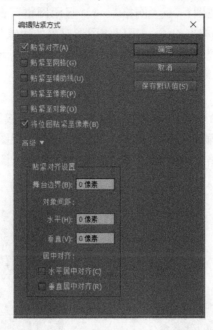

图3-27 "编辑贴紧方式"对话框

3.3 对象的合并和组合

在 Animate CC 2018 中，绘制的多个图形对象可以通过联合、交集、打孔及裁切等操作改变图形的形状，通过组合可以使图形对象成为一个整体。选择"修改"→"合并对象"命令，可以打开"合并对象"级联菜单，该菜单中共有5个选项，分别为"联合""交集""打孔""裁切"及"删除封套"选项，如图3-28所示。

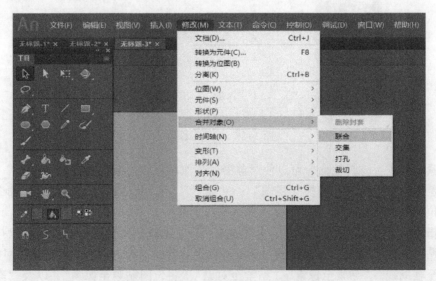

图3-28 合并"对象"命令菜单选项

3.3.1　绘图模式

在 Animate CC 2018 中，绘图模式主要有 3 种，分别为合并绘制模式、对象绘制模式和基本绘制模式。对于舞台上绘制好的多个图形对象，彼此之间的交互及编辑等都需要用到绘图模式。合并绘制模式是在默认情况下使用的一种绘图模式，此外，如要启用对象绘制模式，则需要单击"工具箱"面板中的"对象绘制"按钮，单击该按钮后便可启用对象绘制模式；选择"基本矩形工具"或"基本椭圆工具"，可以使用基本绘制模式。

1. 合并绘制模式

合并绘制模式为 Animate CC 2018 默认的绘图模式，该模式下绘制的图形，笔触和填充作为独立的部分存在，可以单独对笔触或填充进行修改。该模式下，Animate CC 将会对绘制图形的重叠部分进行裁切。选择"工具箱"面板中的"矩形工具"，绘制一个矩形，选择

"椭圆工具"，绘制一个椭圆，将两个图形放置在一起。单击选中椭圆的填充颜色，按住鼠标左键将其移出，选中椭圆边缘线将其移出，此时，上层的形状截去了下层重叠图形的形状，如图 3-29 所示。

图 3-29　图形出现切割

2. 对象绘制模式

对象绘制模式与合并绘制模式不同，该模式下，绘制的图形可以作为一个对象存在，笔触和填充不会分离，此外，将绘制的两个图形放置在一起重叠时也不会出现合并绘制模式下的分割情况。如果要启用该模式，需要单击"工具箱"面板中的"对象绘制"按钮。选择"工具箱"面板中的"矩形工具"，单击"工具箱"面板中的"对象绘制"按钮，在舞台上绘制一个矩形，选择"工具箱"面板中的"多角星形工具"，单击"工具箱"面板中的"对象绘制"按钮，在舞台上绘制一个多边形，将两个图形放置在一起，如图 3-30 所示。

3. 基本绘制模式

在使用"工具箱"面板中的基本矩形工具或基本椭圆工具时，Animate CC 2018 将把图形绘制为单独的对象。选择"工具箱"中的"基本矩形工具"，打开"属性"面板，可以修改基本矩形的边角半径，或选择工具箱中的"基本椭圆工具"，打开"属性"面板，可以修改基本椭圆的开始角度、结束角度和内径，如图 3-31 所示。

图 3-30　对象绘制模式

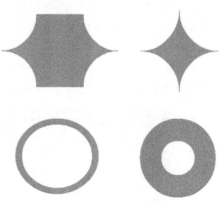

图 3-31　基本绘制模式

3.3.2 对象的合并

在舞台上绘制多个图形对象，通过对图形对象的合并可以获得新的图形。图形对象的合并可以选择"修改"→"合并对象"命令，打开"合并对象"级联菜单，选择其中的"联合""交集""打孔"或"裁切"命令，以实现图形对象的合并操作。

1. 联合

"联合"命令可以将选择的多个图形对象合并为一个对象。单击"矩形工具"，在舞台上绘制一个矩形，然后选择"基本椭圆工具"，绘制 3 个圆环，将所有图形对象放置好，如图 3-32 所示。选中所有图形对象，选择"修改"→"合并对象"→"联合"命令，此时，多个图形对象变形为一个图形对象，如图 3-33 所示。

图 3-32 绘制图形对象（一）

图 3-33 联合后的图形效果

2. 交集

在舞台上绘制两个图形对象（蓝色的矩形和红色的圆），如图 3-34 所示。当两个图形对象有重叠时，"交集"命令可以把两个图形的重叠部分保留下来，其余部分被裁剪掉，最终保留下来的是位于上层的图形，如图 3-35 所示。

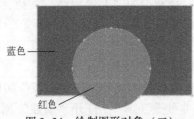
图 3-34 绘制图形对象（二）

图 3-35 交集后的图形效果

3. 打孔

打孔与交集不同，"打孔"命令可以在两个图形有重叠时，用位于上层的图形去裁剪下层的图形，此时，留下来的是下层的图形，如图 3-36 所示。

4. 裁切

"裁切"命令可以在两个图形有重叠时，用上层图形去裁剪下层图形，多余图形被裁减掉，留下的是下层的图形，如图 3-37 所示。

图 3-36 打孔后的图形效果

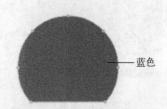
图 3-37 裁切后的图形效果

3.3.3　对象的组合

在舞台上绘制图形，绘制完图形对象后，有时需要将多个图形对象组合成为一个整体来处理。在舞台上绘制一个矩形和一个圆形，将两个图形放置在一起，选择"工具箱"面板中的"选择工具"，选中矩形和圆形，选择"修改"→"组合"命令，或按〈Ctrl+G〉组合键，即可将选择的图形对象组合为一个对象，如图 3-38 所示。

图 3-38　对象组合后的图形效果

3.3.4　对象的分离

在 Animate CC 2018 中，可以利用"分离"命令将舞台上的图形、文本、实例或导入到舞台上的位图分离成单独的元件。分离后还可以对该元件进行编辑操作。在舞台上绘制一个矩形和圆形，选中绘制的两个图形，选择"修改"→"分离"命令，或按〈Ctrl+B〉组合键，即可对图形对象进行分离。选中圆形的填充区域，按住鼠标左键向右拖拽即可得到如图 3-39 所示的图形效果。

图 3-39　分离后的图形效果

3.4　对象的修饰

在动画的制作过程中，应用 Animate CC 2018 自带的一些命令，可以对曲线进行优化，将线条转换为填充，还可以对填充颜色进行修改或对填充边缘进行柔化处理。

3.4.1　优化曲线

应用"优化曲线"命令可以将线条优化得较为平滑。选择"工具箱"面板中的"铅笔工具"，在舞台上绘制曲线，如图 3-40 所示。

图 3-40　绘制曲线

选中曲线，选择"修改"→"形状"→"优化"命令，打开"优化曲线"对话框，设置"优化强度"为 98，单击"确定"按钮，即可完成优化强度设置，如图 3-41 所示。

设置完成优化强度后，会弹出一个提示对话框，如图 3-42 所示。该提示对话框中显示为"原始形状有 12 条曲线。优化后形状有 9 条曲线。减少了 25%。"，查看提示信息后，单击"确定"按钮即可关闭该提示。

图 3-41　设置曲线优化强度　　　　　　图 3-42　提示对话框

关闭提示对话框后，舞台上会显示出优化后的曲线效果，如图 3-43 所示。

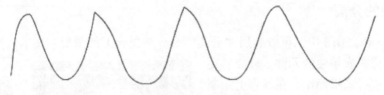

图 3-43　优化曲线效果

3.4.2　将线条转换为填充

应用"将线条转换为填充"命令，可以将矢量线条转换为填充色块。选择"工具箱"面板中的"铅笔工具"绘制一个图形，如图 3-44 所示。

选中绘制的图形，选择"修改"→"形状"→"将线条转换为填充"命令，将线条转换为填充色块，如图 3-45 所示。

单击"工具箱"面板中的"颜料桶工具"，设置填充颜色为蓝色，此时，可以看到最终效果如图 3-46 所示。

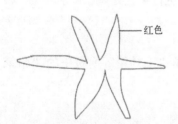　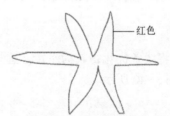　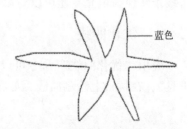

图 3-44　绘制图形　　　图 3-45　将线条转换为填充色块　　　图 3-46　设置填充色块

3.4.3　扩展填充

应用"扩展填充"命令，可以将填充颜色向外扩展或向内收缩，扩展或收缩的数值可以自定义。

1. 扩展填充颜色

选中如图 3-46 所示的图形，选择"修改"→"形状"→"扩展填充"命令，打开"扩展填充"对话框，如图 3-47 所示。设置"距离"为 8 像素，"方向"为扩展，单击"确定"按钮，即可得到扩展填充后的效果图，如图 3-48所示。

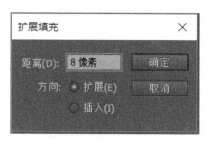

图 3-47　"扩展填充"对话框（一）

图 3-48　扩展填充颜色效果

2. 收缩填充颜色

选中如图 3-48 所示的图形，选择"修改"→"形状"→"扩展填充"命令，打开"扩展填充"对话框，如图 3-49 所示。设置"距离"为 3 像素，"方向"为插入，单击"确定"按钮，填充色向内收缩，如图 3-50 所示。

图 3-49　"扩展填充"对话框（二）

图 3-50　填充色向内收缩效果

3.4.4　柔化填充边缘

柔化填充边缘主要有向外柔化填充边缘和向内柔化填充边缘两种，通过设置"柔化填充边缘"对话框中的"距离"和"步长数"及"方向"，可以获得不同的图形效果。

1. 向外柔化填充边缘

选中如图 3-50 所示图形，选择"修改"→"形状"→"柔化填充边缘"命令，打开"柔化填充边缘"对话框，如图 3-51 所示。设置"距离"为 16 像素，"步长数"为 4，"方向"选择"扩展"，单击"确定"按钮，即可得到最终效果，如图 3-52 所示。

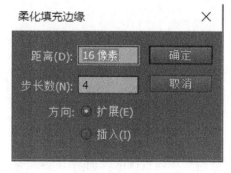

图 3-51　"柔化填充边缘"对话框（一）

图 3-52　向外柔化填充边缘效果

2. 向内柔化填充边缘

选中如图 3-52 所示图形，选择"修改"→"形状"→"柔化填充边缘"命令，打开"柔化填充边缘"对话框，如图 3-53 所示。设置"距离"为 10 像素，"步长数"为 3，"方向"选择"插入"，单击"确定"按钮，即可得到最终效果，如图 3-54 所示。

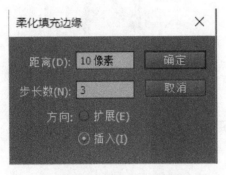

图 3-53 "柔化填充边缘"对话框（二）

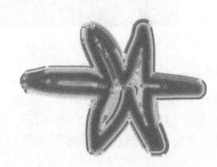

图 3-54 向内柔化填充边缘效果

3.5 思考与练习

1. 填空题

1）在 Animate CC 2018 中，在舞台上绘制完图形对象后，可以利用_____的级联菜单中的命令来实现对图形对象的操作。

2）在 Animate CC 2018 中，可以利用_____来调整多个图形对象之间的相对位置以及图形对象相对于舞台的位置，选择"修改"→"对齐"命令，可以打开"对齐"菜单，其中的 11 个选项分别为_____、_____、_____、_____、_____、_____、_____、_____、_____、_____。

3）在 Animate CC 2018 中，绘图模式主要有 3 种，分别为_____、_____、_____。

2. 简答题

1）对象的变形用哪些工具来实现？

2）阐述 Animate CC 2018 中 3 种绘图模式的区别。

3.6 上机操作

3.6.1 绘制雨伞

利用 Animate CC 2018 软件绘制一把雨伞。

主要操作步骤指导：

1）启动 Animate CC 2018，新建一个文档，属性设置保持默认值，如图 3-55 所示。

2）选择工具箱中的"椭圆工具" ，在舞台上绘制一个椭圆，选择"工具箱"面板中的"选择工具"，然后选中椭圆下半部分，按〈Delete〉键，将椭圆下半部分删除，如

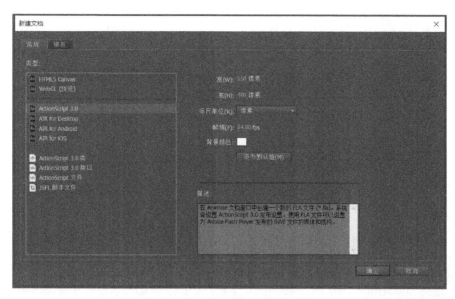

图 3-55　新建文档

图 3-56 所示。

3）利用选择工具对如图 3-56 所示效果进行微调。选择"线条工具" ，打开线条工具"属性"面板，设置线条笔触为 1，颜色为黑色，利用线条工具绘制雨伞上半部分轮廓，绘制完成后对线条进行微调，效果图如图 3-57 所示。

4）选择"线条工具" ，打开"属性"面板，设置笔触大小为 3，颜色为黑色，绘制雨伞伞柄，如图 3-58 所示。

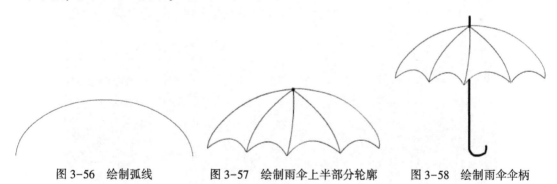

图 3-56　绘制弧线　　　图 3-57　绘制雨伞上半部分轮廓　　　图 3-58　绘制雨伞伞柄

5）选择"工具箱"面板中的"颜料桶工具" ，打开色板，单击"工具箱"面板下方的"间隔大小"按钮，在弹出的下拉菜单中选择"封闭大空隙"选项，如图 3-59 所示。分别设置不同的颜色，用颜料桶工具 在绘制好的效果图中单击，即可完成色彩填充。选择"墨水瓶工具" ，设置颜色为红色，然后在伞柄上单击，可设置伞柄颜色为红色。

6）按〈Ctrl+Enter〉组合键测试影片，显示雨伞效果，如图 3-60 所示。

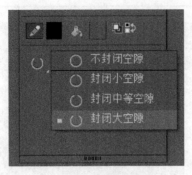

图 3-59　绘制雨伞轮廓

图 3-60　雨伞效果

3.6.2　绘制"八卦图"效果

利用 Animate CC 2018 软件绘制一个八卦图。

主要操作步骤指导：

1）启动 Animate CC 2018，新建一个文档，设置背景色为 6699FF，其他属性设置保持默认值，如图 3-61 所示。

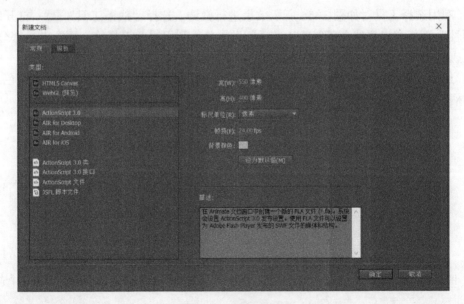

图 3-61　新建文档

2）选择"工具箱"面板中的"椭圆工具"，设置笔触颜色为黑色，填充颜色为无，笔触大小为 1。绘制两个圆，在小圆中再绘制两个小圆，一个设置为无填充颜色，另一个小圆填充颜色设置为黑色，然后选择"铅笔工具"，绘制八卦图中的线条，绘制完后调整效果，如图 3-62 所示。

3）选择"工具箱"面板上的"颜料桶工具"，设置填充颜色为黑色，在八卦图中需要填充的位置单击，即可完成颜色填充，如图 3-63 所示。

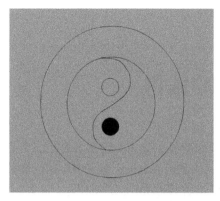

图 3-62　绘制八卦图轮廓

图 3-63　八卦图内部颜色填充

4）选择"工具箱"面板上的"颜料桶工具"，设置填充颜色为黄色，在八卦图中需要填充的位置单击，即可完成黄色填充；设置填充颜色为白色，在八卦图中需要填充的位置单击，即可完成白色填充，如图 3-64 所示。

5）选择"工具箱"面板中的"线条工具"，设置笔触大小为 5，颜色为黑色，在八卦图中的黄色区域内绘制八卦图的符号，如图 3-65 所示。

图 3-64　八卦图颜色填充

图 3-65　八卦图效果

6）按〈Ctrl+Enter〉组合键测试影片，显示八卦图效果。

第4章 文本的编辑

文本是动画设计与制作中不可或缺的元素，在动画作品中文本是传递各种信息的有效手段。动画作品中的文本可以直接地呈现出表达作品的主题。Animate CC 2018 具有较为强大的文本输入、编辑和处理功能，利用滤镜还可以制作出各种漂亮的文字效果。

4.1 文本类型

文本是动画作品中的主要元素，与图形对象、按钮等元素一样，具有同等重要的作用，是作品中不可或缺的元素之一。在创作一个文本之前，首先需要了解文本所使用的的类型，然后，选中工具箱中的"文本工具"，打开文本"属性"面板设置好文本属性，在舞台上创建、编辑文本框，从而完成文本的创作。

在 Animate CC 2018 中，文本的类型主要有 3 种，分别为静态文本、动态文本和输入文本。静态文本显示不会动态改变字符的文本，动态文本显示可以动态更新文本，输入文本可以使用户将文本输入到文本框中。

4.1.1 静态文本

在 Animate CC 2018 中，默认状态下创建的是静态文本。静态文本创建的文本在影片播放的过程中不会改变，一般可以用来作为主题文字、动画场景的说明文字等。

选择"文件"→"新建"命令，选择"常规"选项卡中的"ActionScript 3.0"，其他为默认设置，单击"确定"按钮，进入 Animate CC 2018 工作界面。选中"工具箱"面板中的"文本工具"，打开"属性"面板，单击文本类型级联按钮，在弹出的下拉菜单中共有三个选项，分别为"静态文本""动态文本"和"输入文本"。选择"静态文本"，设置"系列"为黑体，"大小"为 60 磅，"颜色"为红色，"消除锯齿"选择"可读性消除锯齿"，其他为默认设置，如图 4-1 所示。

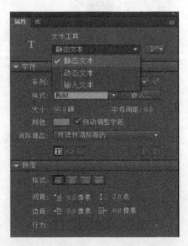

图 4-1 文本工具"属性"面板

在舞台上需要输入文字的位置处单击，出现光标后，在文本框中输入文字"机械工业出版社"，此时便可完成静态文本创作，如图 4-2 所示。

机械工业出版社

图4-2　静态文本

4.1.2　动态文本

动态文本是动态更新的文本，可以随着影片的播放自动更新，如用于股票报价、天气预报、计时器等方面的文字。

选择工具箱中的"文本工具"，打开"属性"面板，选择"文本类型"为动态文本，设置"系列"为黑体，"大小"为60磅，"颜色"为红色，"消除锯齿"选择"可读性消除锯齿"，其他为默认设置。将鼠标指针移动到舞台上，当鼠标指针变成 时，按住鼠标并拖动至合适大小，释放鼠标即可在舞台中出现文本框，然后，在其中输入文本"动画设计与制作"，此时便可完成动态文本创作，如图4-3所示。

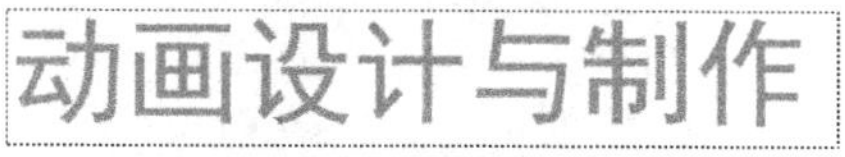

图4-3　动态文本

4.1.3　输入文本

输入文本是一种在动画播放过程中，可以接受用户输入的操作，从而产生交互的文本。选择工具箱中的"文本工具"，打开"属性"面板，选择文本类型为输入文本，设置"系列"为黑体，"大小"为60磅，"颜色"为红色，"消除锯齿"选择"可读性消除锯齿"，其他为默认设置。将鼠标指针移动到舞台上，当鼠标指针变成 时，按住鼠标并拖动至合适大小，释放鼠标即可在舞台中出现文本框，然后，在其中输入文本"输入文本"，此时便可完成输入文本创作，如图4-4所示。

图4-4　输入文本

4.2　文本属性

动画设计中，为了获得理想的文本效果，可以通过文本"属性"面板对文本的类型、系列、样式、大小、颜色、段落、格式、间距、边距、选项中的链接和滤镜等进行设置，如图4-5所示。

文本类型选项：文本类型共有3个选项，分别为"静态文本""动态文本"和"输入文本"，默认为静态文本。

"字符"选项组："字符"选项组中主要包括"系列""样式""嵌入""大小""字母间距""颜色""自动调整字距"和"消除锯齿"等。打开"系列"选项菜单可以选择并设置字体系列，字体系列中也有多个选项，如"黑体""华文彩云""华文仿宋""华文行楷""华文琥珀""华文楷体"等，如图4-6所示。

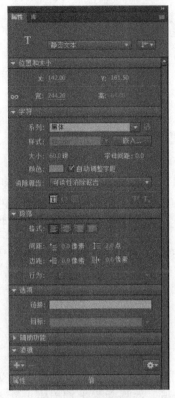

图4-5 文本属性

图4-6 字体系列选项

字体样式一般为默认设置。单击"样式"右侧的"嵌入"按钮可以选择字体嵌入选项。打开"字体嵌入"对话框，可以在该对话框中设置字体名称、字符范围等，设置完成后单击"确定"按钮即可，如图4-7所示。

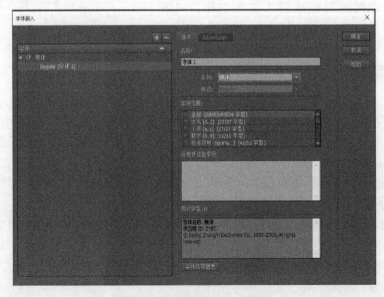

图4-7 "字体嵌入"对话框

字体大小设置可以在"属性"面板"大小"右侧的文本框中输入具体的数值来设定字体大小；字母间距设置可以通过在"字母间距"右侧的文本框中输入具体的数值来设定字体间距；字体颜色可以通过单击"颜色"右侧的色块来设置，面板中的"自动调整字距"默认为选中状态。

"属性"面板中的"消除锯齿"共有5个菜单选项，分别为"使用设备字体""位图文本［无消除锯齿］""动画消除锯齿""可读性消除锯齿"和"自定义消除锯齿"，如图4-8所示。

单击"属性"面板中"消除锯齿"下方的田按钮，此时，字体上标T按钮和下标T按钮显示为可使用状态，单击上标或下标按钮即可设置字体的下标或上标，如图4-9所示。

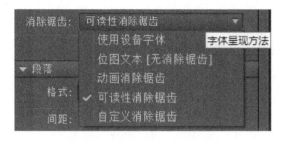

图4-8 "消除锯齿"菜单选项

图4-9 字体"上标"和"下标"按钮

"段落"选项组："段落"选项组主要有"格式""间距""边距""行为"等选项。段落"格式"有"左对齐""居中对齐""右对齐"和"两端对齐"共4个选项，如要实现左对齐，只需要选中文本，单击段落"格式"右侧的"左对齐"按钮即可。

"段落"选项组中的"间距"主要有"缩进"和"行距"两个选项。单击"像素"左侧的文本框输入数值即可实现缩进设置；单击"点"左侧的文本框输入数值即可实现行距设置。"段落"选项组中的"边距"主要有"左边距"和"右边距"两个选项，单击"左边距"右侧的文本框输入数值即可实现左边距设置，单击"右边距"右侧的文本框输入数值即可实现右边距设置。

链接设置：在"属性"面板"链接"右侧的文本框中输入文本的超链接，即在发布为SWF文件运行时该文字链接的地址，在"目标"下拉菜单中选择链接内容加载位置。目标下拉菜单中共有4个选项，分别为"_blank""_parent""_self"和"_top"，如图4-10所示。

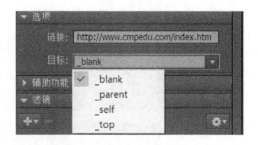

图4-10 "目标"下拉菜单选项

- "_blank"：选择该选项可以指定在一个新的空白窗口中显示链接内容。
- "_parent"：选择该选项可以指定当前帧的父级显示链接内容。
- "_self"：选择该选项可以指定在当前窗口的当前帧中显示链接内容。
- "_top"：选择该选项可以指定在当前窗口的顶级帧中显示链接内容。

选择"文本工具"，在舞台中输入"机械工业出版社"，调整好文本在舞台中的位置，打开"属性"面板，在"选项"下方"链接"文本框中输入 http://www.cmpedu.com/index. htm，在"目标"下拉菜单中选择"_blank"，如图 4-11 所示。设置完"链接"和"目标"选项后，此时，舞台上的文本"机械工业出版社"显示为带有下画线的文本，如图 4-12 所示。

图 4-11　创建链接　　　　　　　　　　　　　　　　图 4-12　创建文本链接

按〈Ctrl+Enter〉组合键进行测试，此时，可以看到如图 4-13 所示的效果。

图 4-13　创建文本链接测试

单击测试后的文本"机械工业出版社"，即可打开机械工业出版社网站，如图 4-14 所示。

图 4-14　创建链接测试后的效果

"滤镜"选项组：单击"滤镜"下方的"添加滤镜"按钮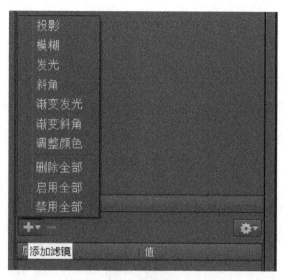，打开"添加滤镜"选项
菜单，该菜单有"投影""模糊""发光""斜角""渐变发光""渐变斜角""调整颜色"
"删除全部""启用全部"和"禁用全部"，共 10 个选项，如图 4-15 所示。

图 4-15　添加滤镜的选项

4.3　编辑文本

在 Animate CC 2018 中输入文本后可以对其进行编辑修改，如旋转文本、分离文本、倾
斜文本、缩放文本、水平翻转文本、填充文本和添加滤镜效果等。

4.3.1　文本变形

在动画设计与创作中，会经常将文本对象变形，如旋转、倾斜、缩放和翻转等，利用变
形后的文本效果和丰富的字体可为动画作品增添色彩。

1. 旋转、倾斜和缩放文本

选择工具箱中的"文本工具"，打开"属性"面板，设置文本类型为静态文本，背景色
设置置为#66CCFF，字体颜色为黑色，字体为华文隶书，字体大小为 20 磅，"消除锯齿"选择
"可读性消除锯齿"，其他为默认设置。在舞台上输入文本，输入完成后选择工具箱中的
"任意变形工具"，当文本框周围出现文本对象的轮廓线时，将鼠标指针移动到轮廓线的转
角处，当鼠标指针变成 形状时，按住鼠标左键向上或向下拖动，可实现对文本的旋转，如
图 4-16 所示。

当鼠标指针变成 形状时，按住鼠标左键向上或向下拖动，可实现对文本的倾斜，如
图 4-17 所示。

当鼠标指针变成 形状时，按住鼠标左键向上或向下拖动，可缩放文本对象的大小，如
图 4-18 所示。

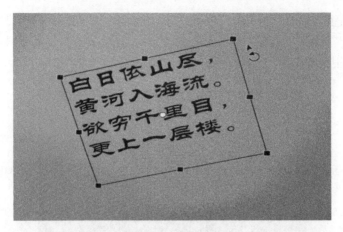

图 4-16　旋转文本

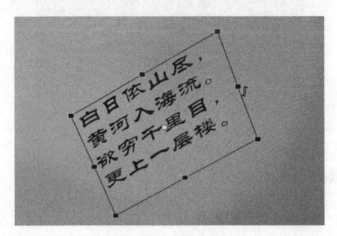

图 4-17　倾斜文本

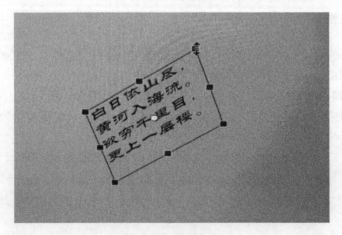

图 4-18　缩放文本

2. 水平翻转文本

在舞台上输入文本，选择"修改"→"变形"→"水平翻转"命令，即可实现文本对象的水平翻转，如图 4-19 所示。

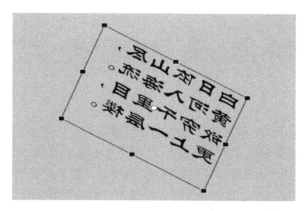

图 4-19　水平翻转文本

3. 垂直翻转文本

在舞台上输入文本，选择"修改"→"变形"→"垂直翻转"命令，即可实现文本对象的垂直翻转，如图 4-20 所示。

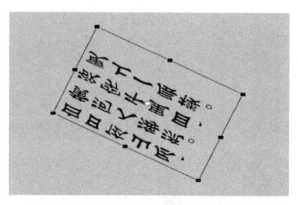

图 4-20　垂直翻转文本

4.3.2　分离文本

分离文本是在动画设计与创作中经常用到的文本处理方法。选择"文本工具"，打开"属性"面板设置好文本属性，在舞台上输入文本，如"动画设计与制作"，调整好文本位置，按〈Ctrl+B〉组合键即可实现文本分离，或选择"修改"→"分离"命令，也可实现文本分离，如图 4-21 所示。

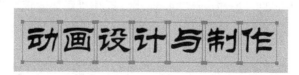

图 4-21　分离文本

选中文本，再次按〈Ctrl+B〉组合键可实现两次文本分离，如图 4-22 所示。

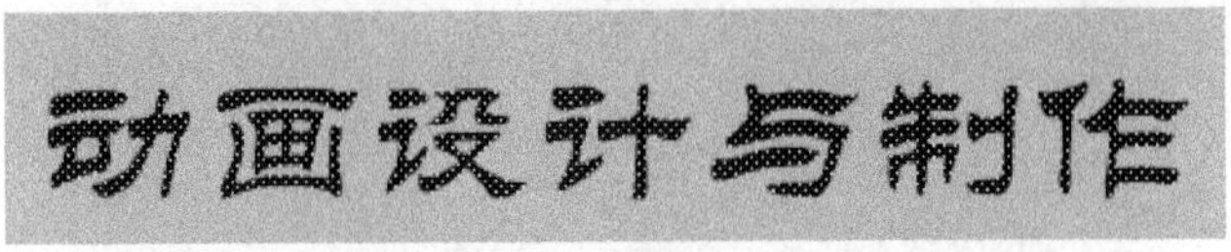

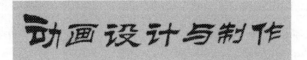

图 4-22　分离两次文本

利用任意变形工具可以对分离后的文本进行局部变形。选中舞台中的文本，选择"工具箱"面板中的"任意变形工具"，再选择"动"字，然后选择"工具箱"面板下方的"扭曲"按钮，当文本框周围出现文本对象的轮廓线时，将鼠标指针移动到轮廓线的转角处，此时，按住鼠标左键向左上角拖动，可实现文本对象的局部变形。其他文本按照该操作方法也可实现文本的局部变形，如图 4-23 所示。

图 4-23　对分离后的文本局部变形

4.3.3　填充文本

选中分离后的文本，单击"工具箱"面板中的"颜料桶工具"，选择填充颜色为 #424242，在选中的文本处单击，即可实现文本颜色的填充，如图 4-24 所示。

图 4-24　填充文本

4.4　对文本使用滤镜效果

在 Animate CC 2018 中，对文本应用滤镜功能可使文本对象呈现丰富的效果。单击"属性"面板中"滤镜"下方的"添加滤镜"按钮，打开"添加滤镜"选项菜单，可为文本添加"投影""模糊""发光""斜角""渐变发光""渐变斜角"效果，也可调整文本颜色。

投影滤镜：投影滤镜在文本处理中，经常会用到。该滤镜可以模拟光线照射到一个对象上产生的阴影效果。选择工具箱中的"文本工具"，在舞台上输入文本"动画设计与制作"，单击"滤镜"下方的"添加滤镜"按钮，打开"添加滤镜"选项菜单，选择"投影"，打开"投影"选项列表，该选项列表中主要有"模糊 X""模糊 Y""强度""品质""角度""距离""挖空""内阴影""隐藏对象"和"颜色"等选项，如图 4-25 所示。

图 4-25　"投影"选项列表

在"投影"选项列表中将"模糊 X"设置为 4 像素，"模糊 Y"设置为 4 像素，"强度"设置为 100%，"品质"设置为高，"角度"设置为 45°，"距离"设置为 4 像素，"颜色"设置黑色，其他保持默认设置，可得到如图 4-26 所示的效果。

模糊滤镜：模糊滤镜可以柔化文本对象的边缘和细节。选择工具箱中的"文本工具"，在舞台上输入文本"动画设计与制作"，单击"滤镜"下方的"添加滤镜"按钮，打开"添加滤镜"选项菜单，选择"模糊"。该选项列表中主要有"模糊 X""模糊 Y"和"品质"等选项，如图 4-27 所示。

图 4-26　投影滤镜效果

在"模糊"选项列表中将"模糊 X"设置为 4 像素，"模糊 Y"设置为 4 像素，"品质"设置为高，可得到如图 4-28 所示的效果。

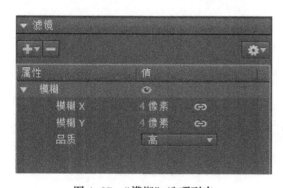

图 4-27　"模糊"选项列表

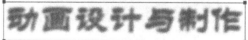

图 4-28　模糊滤镜效果

发光滤镜：选择发光滤镜可为文本对象周围添加颜色，并出现光晕效果。选择工具箱中的"文本工具"，在舞台上输入文本"动画设计与制作"，单击"滤镜"下方的"添加滤镜"按钮，打开"添加滤镜"选项菜单，选择"发光"。该选项列表中主要有"模糊 X""模糊 Y""强度""品质""颜色""挖空"和"内发光"等，如图 4-29 所示。

在"发光"选项列表中将"模糊 X"设置为 4 像素，"模糊 Y"设置为 4 像素，"强度"设置为 100%，"品质"设置为高，"颜色"设置红色，其他保持默认设置，可得到如

图 4-30 所示的效果。

图 4-29 "发光"选项列表   图 4-30 发光滤镜效果

斜角滤镜：选择斜角滤镜可以为文本对象增加表面的立体感，加强 3D 效果，使对象的视觉效果凸出在背景的表面。选择工具箱中的"文本工具"，在舞台上输入文本"动画设计与制作"，单击"滤镜"下方的"添加滤镜"按钮 ，打开"添加滤镜"选项菜单，选择"斜角"。该选项列表中有"模糊 X""模糊 Y""强度""品质""阴影""加亮显示""角度""距离""挖空"和"类型"等，如图 4-31 所示。

在"斜角"选项列表中将"模糊 X"设置为 4 像素，"模糊 Y"设置为 4 像素，"强度"设置为 100%，"品质"设置为高，"阴影"为黑色，"加亮显示"为白色，"角度"设置为 45°，"距离"设置为 4 像素，其他保持默认设置，可得到如图 4-32 所示的效果。

图 4-31 "斜角"选项列表   图 4-32 斜角滤镜效果

渐变发光滤镜：渐变发光滤镜与发光滤镜有着明显的区别，渐变发光的颜色是渐变色而不是单一颜色。选择工具箱中的"文本工具"，在舞台上输入文本"动画设计与制作"，单击"滤镜"下方的"添加滤镜"按钮 ，打开"添加滤镜"选项菜单，选择"渐变发光"。该选项列表中有"模糊 X""模糊 Y""强度""品质""角度""距离""挖空""类型"和"渐变"等，如图 4-33 所示。

在"渐变发光"选项列表中将"模糊 X"设置为 8 像素，"模糊 Y"设置为 8 像素，"强度"设置为 100%，"品质"设置为高，"角度"设置为 45°，"距离"设置为 4 像素，其他保持默认设置，可得到如图 4-34 所示的效果。

图 4-33 "渐变发光"选项列表

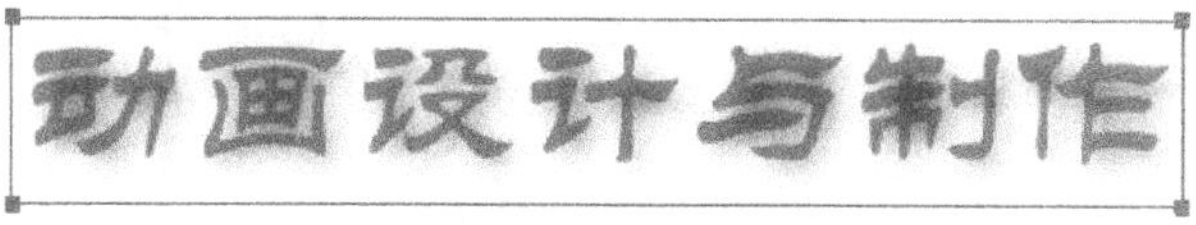

动画设计与制作

图 4-34 渐变发光滤镜效果

渐变斜角滤镜：渐变斜角滤镜的效果是通过渐变颜色来实现的。选择工具箱中的"文本工具"，在舞台上输入文本"动画设计与制作"，单击"滤镜"下方的"添加滤镜"按钮，打开"添加滤镜"选项菜单，选择"渐变斜角"。该选项列表中主要有"模糊 X""模糊 Y""强度""品质""角度""距离""挖空""类型"和"渐变"等，如图 4-35 所示。

在"渐变斜角"选项列表中将"模糊 X"设置为 8 像素，"模糊 Y"设置为 8 像素，"强度"设置为 100%，"品质"设置为高，"角度"设置为 45°，"距离"设置为 4 像素，其他保持默认设置，可得到如图 4-36 所示的效果。

图 4-35 "渐变斜角"选项列表

图 4-36 渐变斜角滤镜效果

调整颜色滤镜：调整颜色滤镜可以调整文本对象的"对比度""亮度""饱和度"和"色相"等。选择工具箱中的"文本工具"，在舞台上输入文本"动画设计与制作"，单击"滤镜"下方的"添加滤镜"按钮，打开"添加滤镜"选项菜单，选择"调整颜色"。该选项列表中主要有"亮度""对比度""饱和度""色相"等，如图 4-37 所示。

在"调整颜色"选项列表中将"亮度"设置为 99，"对比度"设置为 100，"饱和度"设置为 88，"品质"设置为高，"色相"设置为 111，可得到如图 4-38 所示的效果。

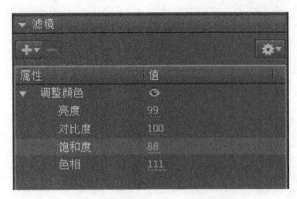

图 4-37 "调整颜色"选项列表　　　　　图 4-38　调整颜色滤镜效果

4.5　思考与练习

1. 填空题

1) 在 Animate CC 2018 中，文本的类型主要有 3 种，分别为＿＿＿＿＿、＿＿＿＿＿、＿＿＿＿＿。

2) 在 Animate CC 2018 中，默认状态下创建的是＿＿＿＿＿，＿＿＿＿＿，在影片播放的过程中不会改变，一般可以用来作为主题文字、动画场景的说明文字。

3) 在舞台上输入文本，将文本调整好位置，按＿＿＿＿＿组合键即可实现文本分离，或选择＿＿＿＿＿也可实现文本分离。

2. 简答题

1) 简述静态文本与动态文本的区别。

2) 编辑文本的操作步骤有哪些?

4.6　上机操作

4.6.1　制作变色文字

利用 Animate CC 2018 软件制作一个变色文字。

主要操作步骤指导:

1) 启动 Animate CC 2018，新建一个文档，属性设置保持默认值。

2) 在"工具箱"面板中选择"文本工具"，打开"属性"面板，选择文本类型为"静态文本"，"系列"设置为华文琥珀，设置文本大小为 80 磅，如图 4-39 所示。

图 4-39　输入文本

3) 选择文本，将该文本转换为影片剪辑，在 50 帧处插入关键帧。单击"第 50 帧"，再打开"属性"面板，单击"色彩效果"选项组中的"样式"级联按钮，在弹出的下拉菜单中选择"色调"选项，如图 4-40 所示。

4）选择"色调"选项后，在"色调"右侧的文本框中输入"50"，"红"右侧文本框中输入"25"，"绿"右侧文本框中输入"109"，"蓝"右侧文本框中输入"150"，如图 4-41 所示。

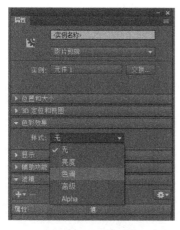 

图 4-40　色彩效果　　　　　　　　图 4-41　色彩效果设置

5）右击第 1 帧，在弹出的快捷菜单中选择"创建传统补间"选项，弹出提示信息，单击"确定"按钮，如图 4-42 所示。

图 4-42　创建传统补间后的信息提示

6）按〈Ctrl+Enter〉组合键测试影片，显示变色文字效果，如图 4-43 所示。

图 4-43　变色文字效果

4.6.2 制作空心文字

利用 Animate CC 2018 软件制作一个空心文字。

主要操作步骤指导：

1）启动 Animate CC 2018，新建一个文档，在"工具箱"面板中选择"文本工具"，打开"属性"面板，选择文本类型为静态文本，"系列"设置为华文琥珀，设置文本大小为80 磅，如图 4-44 所示。

2）在舞台上输入"空心文字"，按〈Ctrl+B〉组合键两次对文本进行打散处理，如图 4-45所示。

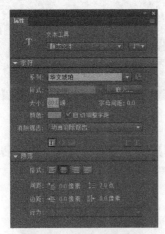

图 4-44　文本属性设置　　　　　　　　　　　图 4-45　文本打散

3）选择"墨水瓶工具"，打开"属性"面板，选好颜色，设置"笔触"为 4，如图 4-46所示。

4）使用墨水瓶工具在文本边缘处单击，选择工具箱中的"选择工具"，在文本的内部颜色上单击，按〈Delete〉键删除。按〈Ctrl+Enter〉组合键测试影片，显示空心文字效果，如图 4-47 所示。

图 4-46　"墨水瓶"属性设置　　　　　　　　　图 4-47　空心文字效果

4.6.3 制作彩虹文字

利用 Animate CC 2018 软件制作一个彩虹文字。

主要操作步骤指导：

1）启动 Animate CC 2018，新建一个文档，属性设置保持默认值，如图 4-48 所示。

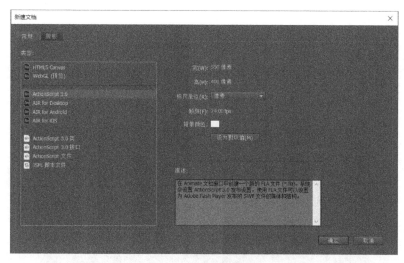

图 4-48 新建文档

2）选择"文本工具"，打开"属性"面板，设置字体为华文琥珀，在舞台上输入文本"彩虹文字"，按〈Ctrl+B〉组合键两次对文本进行打散处理，如图 4-49 所示。

3）选中舞台上的文本，打开"颜色"面板，在类型列表中选择"线性渐变"，设置第一个色标颜色为 FF0000，设置第二个色标颜色为 DEC521，设置第三个色标颜色为 262685，设置第四个色标颜色为 00FF7F，如图 4-50 所示。

图 4-49 文本打散处理

图 4-50 线性渐变设置

4）选中工具箱中的"渐变变形工具"，将舞台上的文本渐变色进行旋转变形，调整到合适效果后即可完成效果制作。按〈Ctrl+Enter〉组合键测试影片，显示彩虹文字效果，如图 4-51 所示。

图 4-51　彩虹文字效果

4.6.4　制作渐变水晶字体

利用 Animate CC 2018 软件制作一个渐变水晶字体。

主要操作步骤指导：

1）启动 Animate CC 2018，新建一个文档，背景颜色设置为黑色，其他属性设置保持默认值，如图 4-52 所示。

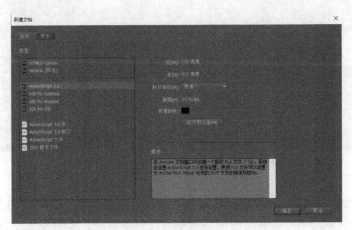

图 4-52　新建文档

2）选择"文本工具"，打开"属性"面板，设置字体为华文琥珀，"大小"为 60，字体颜色为红色。在舞台上输入文本"机械工业出版社"，按〈Ctrl+B〉组合键对文本进行分离，如图 4-53a 所示，再次按〈Ctrl+B〉组合键对文本进行打散处理，如图 4-53b 所示。

a)

b)

图 4-53　文本分离与打散
a）文本分离　b）文本打散

3）选中舞台上的文本，打开"颜色"面板，在类型列表中选择"线性渐变"，设置第一个色标颜色为 00CCFF，设置第二个色标颜色为 0066FF，如图 4-54 所示。

4）选中工具箱中的"渐变变形工具"，将舞台上的文本渐变色进行旋转变形，调整到合适效果后即可完成效果制作。按〈Ctrl+Enter〉组合键测试影片，显示渐变水晶字体效果，如图 4-55所示。

图 4-54　线性渐变设置

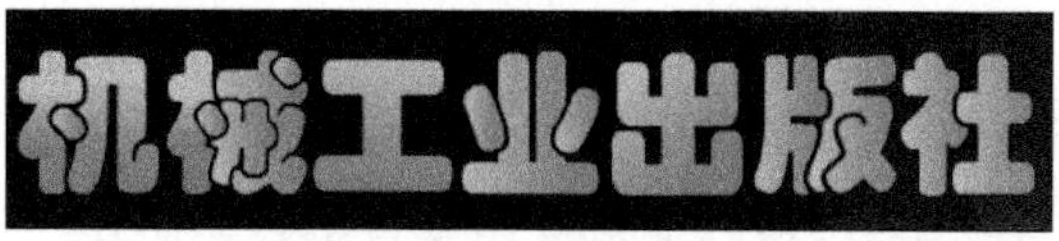

图 4-55　渐变水晶字体效果

第5章 动画的基本元素

动画的基本元素是动画设计与创作中不可或缺的元素。元件与实例是组成动画的最基本的元素，通过综合使用不同的元件，可以制作出丰富多彩的动画效果；实例是位于舞台或嵌套在另一个元件内的元件副本。库是一个存储元件的仓库，里面可以放置图形和按钮、影片剪辑、导入的位图、声音及视频等，通过库里的元件可以提高动画制作的速度。时间轴用于组织和控制影片内容在一定时间内播放的层数和帧数，时间轴中的每一个方格称为一个帧。帧是 Animate CC 2018 中计算动画时间的基本单位，要实现一幅静止的画面按照某种顺序快速地连续播放，需要用时间轴和帧来为其完成时间和顺序的安排。Animate CC 2018 中的动画一般是通过对时间轴中的帧进行编辑而制作完成的。图层是动画设计与创作中必不可少的，是创建复杂动画的基础，在不同的图层上放置不同的图形元素将会为动画的编辑与处理带来极大的便利。

5.1 元件与实例

元件与实例是组成动画的最基本元素，同时，也是最重要的元素。元件可以提高动画制作的效率，使创建复杂的动作转化为简单且容易操作的场景。在 Animate CC 2018 的动画场景中，创建完元件后，用户可以将元件拖放到舞台上，此时，元件就转变为实例了。

5.1.1 元件

元件是指可以重复利用的图形、影片剪辑、按钮和动画资源，制作好的元件或导入到舞台的文件都会保存在库中。元件可以是动画，也可以是图形。在动画设计与创作中，将动画中需要重复使用的元素制作成元件，在使用时将元件从库中拖到舞台上便可。元件的应用使动画创作十分方便，在 Animate CC 2018 中只需要创建一次，就可以在整个动画中重复使用。

1. 元件类型

元件是动画设计与创作中最重要的基本元素。元件的类型主要有 3 种，分别为影片剪辑、按钮和图形，如图 5-1 所示。

影片剪辑是独立于影片时间线的动画元件，主要用于创建具有一段独立主题内容的动画片段。影片剪辑包含交互式控件、声音以及其他影片剪辑，在动画创作中经常会用到影片剪辑来创作丰富的动画效果。

按钮元件是实现用户与动画交互的关键，可以用于创建响应鼠标单击、滑过或其他动作的交互式按钮。按钮可以是绘制的形状，也可以是文字或位图，还可以是一根线条或一个线框，甚至还可以是看不见的透明按钮。

图形元件是制作动画的基本元件，可以用于存放静态的图像，也可用来创建动画，在动画中可以包含其他元件实例，但不能添加交互控制和声音效果。

2. 创建元件

在 Animate CC 2018 中，创建一个元件需要选择元件类型。如要创建一个图形元件，则需要在"创建新元件"对话框中的"类型"下拉列表中选择"图形"；如要创建按钮元件，则需要在"创建新元件"对话框中的"类型"下拉列表中选择"按钮"；如要创建影片剪辑元件，则需要在"创建新元件对话框"中的"类型"下拉列表中选择"影片剪辑"。

（1）创建图形元件

图形元件主要用于创建动画中的静态图形或动画片段，但是，当把图形元件拖拽到舞台中或其他元件中时，不能对其设置实例名称，也不能为其添加脚本。在 Animate CC 2018 中，可以创建一个新的图形元件，也可以将编辑好的对象转换为图形元件。

1）创建新的图形元件。选择"插入"→"新建元件"命令，或按〈Ctrl+F8〉组合键，打开"创建新元件"对话框，如图 5-2 所示。

在"创建新元件"对话框中的"名称"文本框中输入"花朵"，在"类型"下拉列表中选择"图形"，打开"高级"选项组，单击"确定"按钮，如图 5-3 所示。

图 5-1　元件类型

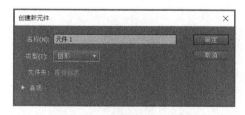

图 5-2　"创建新元件"对话框

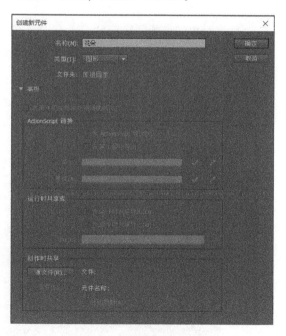

图 5-3　创建新的图形元件

单击工具箱中的"多角星形工具"按钮，打开"属性"面板，设置笔触颜色和填充颜色为红色。单击"属性"面板中的"选项"按钮，打开"工具设置"对话框，将"样式"设置为星形，"边数"设置为 9，星形顶点大小设置为 0.2，单击"确定"按钮，在元件编辑区绘制一个花朵效果，如图 5-4 所示。

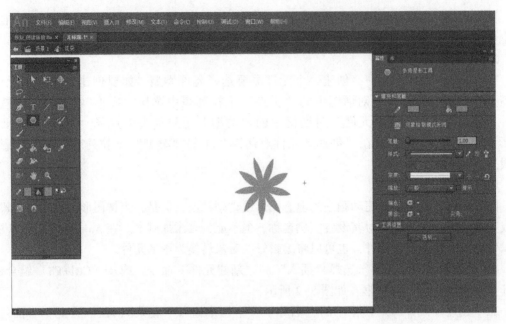

图 5-4　图形元件的编辑

2）将对象转换为图形元件。选择"文件"→"导入"→"导入到舞台"命令，打开"导入"对话框，将外部的一张风景图像导入到舞台。调整好图像大小，选中导入舞台上的对象，如图 5-5 所示。

图 5-5　选中对象

选中对象后右击，在打开的快捷菜单中选择"转换为元件"命令，打开"转换为元件"对话框，将对话框中"名称"设置为元件 1，"类型"选择"图形"，如图 5-6 所示。

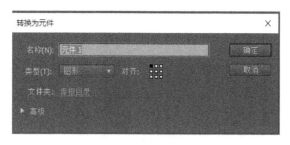

图 5-6　"转换为元件"对话框

单击"确定"按钮，打开"属性"面板，此时，可以看到导入的图像转换为图形，即对象转换为文件名为元件 1 的图形，如图 5-7 所示。

图 5-7　将对象转换为图形元件

（2）创建按钮元件

选择"插入"→"新建元件"命令，或按〈Ctrl+F8〉组合键，打开"创建新元件"对话框，设置"名称"为变色按钮，"类型"为按钮，单击"确定"按钮，如图 5-8 所示。

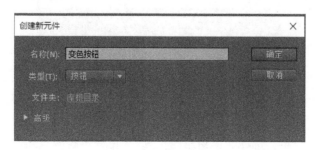

图 5-8　创建按钮元件

在"工具箱"面板中，选择"矩形工具"，绘制一个矩形按钮，绘制完成后在图层1的帧上分别插入4个关键帧，每个关键帧上为矩形按钮填充不同的颜色，如图5-9所示。

图5-9 按钮元件的时间轴

返回场景，将库中的变色按钮元件拖拽到舞台上，按〈Ctrl+Enter〉组合键测试，测试后效果如图5-10所示。

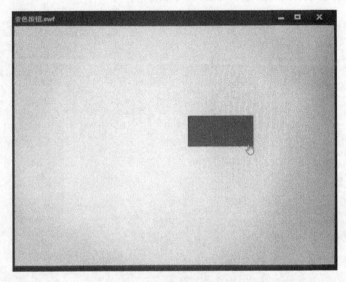

图5-10 变色按钮效果

（3）创建影片剪辑元件

选择"插入"→"新建元件"命令，或按〈Ctrl+F8〉组合键，打开"创建新元件"对话框，设置"名称"为旋转的五角星，"类型"选择"影片剪辑"，单击"确定"按钮，如图5-11所示。

图5-11 创建影片剪辑元件

在"工具箱"面板中，选择"多角星形工具"，设置笔触颜色和填充颜色为红色，绘制一个五角星，在时间轴的50帧位置插入一个关键帧，在第1帧位置右击，在弹出的快捷菜单中选择"创建传统补间"，如图5-12所示。

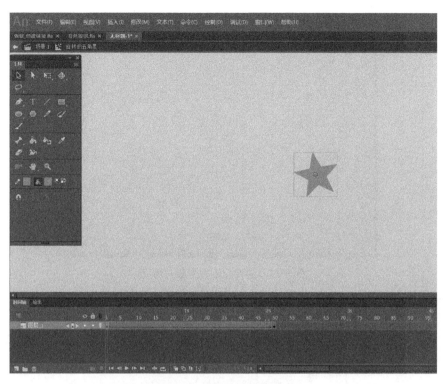

图 5-12　绘制五角星

打开"属性"面板，设置"补间"选项组中的"旋转"为顺时针，如图 5-13 所示。

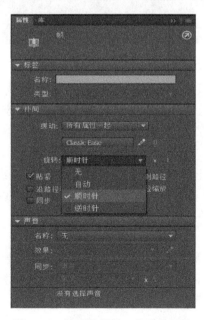

图 5-13　设置旋转的五角星的属性

返回场景 1，打开"库"面板，将旋转的五角星影片剪辑元件拖拽至舞台，按〈Ctrl+Enter〉组合键测试，测试后效果如图 5-14 所示。

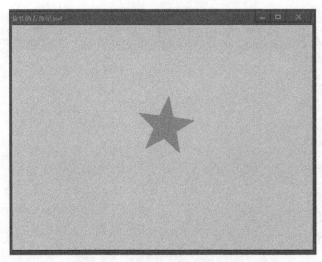

图 5-14　旋转的五角星影片剪辑

3. 转换元件

在舞台上绘制一个对象后，如需要转为元件，需要右击绘制好的元件，在弹出的快捷菜单中选择"转换为元件"，打开"转换为元件"对话框，如图 5-15 所示。

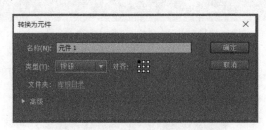

图 5-15　"转换为元件"对话框

在"名称"文本框中可以输入需要转换的元件名称，默认情况下为元件 1，在"类型"下拉菜单中选择需要转换的元件类型，选择完成后单击"确定"按钮，即可实现将场景中绘制的对象或导入到场景中的对象转换为元件。

4. 复制元件

复制元件是在动画设计创作中常用的一个操作，可以复制出一个相同的元件；但在修改该元件时，另一个复制的元件也会跟着改变。在修改复制元件时，如要实现不改变另一个元件，需要用到"直接复制元件"命令。

（1）复制元件

复制元件是元件创建中经常用到的一个操作，如场景中需要多个相同的图形元件时。打开"库"面板，在需要复制的元件上右击，在打开的快捷菜单中选择"复制"命令，或按〈Ctrl+V〉组合键即可实现元件的复制。

（2）直接复制元件

直接复制元件与复制元件有很大不同。如果需要创建的按钮元件或图形元件与库中的元件类似，则不需要再单独创建元件，只需要将库中类似的元件进行复制即可实现元件的创建。

制作一个小球运动的动画。打开"库"面板，在按钮元件 1 位置右击，在弹出的快捷菜单中选择"直接复制"命令，如图 5-16 所示。

选择"直接复制"命令，打开"直接复制元件"对话框，"名称"默认为元件 1 复制，"类型"为按钮，如图 5-17 所示。

图 5-16　选中"直接复制"命令

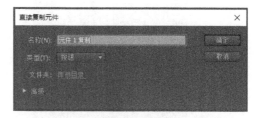

图 5-17　"直接复制元件"对话框

设置好名称和类型，单击"确定"按钮，此时，库中多出了一个"元件 1 复制"元件，直接复制元件操作完成，如图 5-18 所示。

图 5-18　直接复制元件效果

5. 编辑元件

创建一个元件后，如需要再次修改该元件，可以选择该元件进行再次编辑。选中已经绘制好的元件，选择"编辑"→"编辑元件"命令，或按〈Ctrl+E〉组合键，进入编辑模式即可实现该元件的再次编辑。

5.1.2　实例

实例是元件在舞台上的具体使用。元件从库中拖放至舞台就被称为该元件的实例。一个元件可以创建多个实例，对其中的某个实例进行修改不会影响元件，对其他的实例也没有影响。

1. 创建实例

创建实例的方法比较简单，打开"库"面板，选中库中的元件，按住鼠标左键将该元件拖放至舞台，松开鼠标，即可完成实例创建。

2. 编辑实例

编辑实例是指对实例的名称、色彩效果、显示字距和滤镜等进行设置。选中舞台上的实例，打开"属性"面板，如图5-19所示。

（1）设置实例名

实例名的设置主要针对的是按钮元件和影片剪辑元件，图形元件及其他元件无实例名。实例名称用于脚本中对某个具体对象进行操作时，称呼该对象的代号，既可以使用中文，也可以使用英文和数字。

（2）设置色彩效果

选中舞台上的实例，打开"属性"面板，单击"样式"的按钮，弹出下拉菜单，该菜单中共有5个选项，分别为"无""亮度""色调""高级"和"Alpha"，如图5-20所示。

图5-19 实例"属性"面板

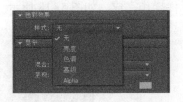

图5-20 "样式"下拉菜单

- 无：选择该选项表示对实例不做任何修改。
- 亮度：选中该选项可以调整实例的相对亮度或暗度，度量范围从黑（-100%）到白（100%）。单击"亮度"的滑块可改变亮度值，或直接在文本框内输入数值也可以修改亮度值，如图5-21所示。
- 色调：选择该选项，会弹出下拉菜单，其中有"色调""红""绿"和"蓝"选项。单击"色调"右侧的颜色块，可以选中一种颜色，也可以直接拖拽"红""绿""蓝"的滑块来选定颜色。在右侧的色彩数值文本框中可以输入数字，数字的大小对实例会有不同的效果，0表示没有影响，100%表示实例完全变为选定的颜色，如图5-22所示。

图 5-21 调整亮度

图 5-22 调整色调

- 高级：选择该选项，可以调整实例的颜色和透明度，如图 5-23 所示。
- Alpha：选择该选项可以调整实例的透明程度。数值在 0%~100% 之间，0% 表示完全透明，100% 表示完全不透明，如图 5-24 所示。

图 5-23 "高级"选项

图 5-24 调整 Alpha 值

3. 交换实例

实例创建完成后，可以为实例指定另外的元件，使舞台上的实例变为另外一个实例，但原来的实例属性不会改变。"属性"面板中的"交换"按钮位于"实例"最右侧，如图 5-25 所示。单击"交换"按钮，打开"交换元件"对话框，选择"元件 2"（位于舞台右侧的红色长方形按钮），再单击"确定"按钮，即可完成元件替换，如图 5-26 所示。

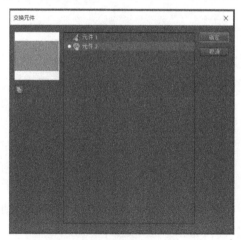

图 5-25 交换选项按钮

图 5-26 交换元件对话框

5.2 库

在 Animate CC 2018 中，库是用于储存元件的仓库。库可以存储创建的按钮、影片剪辑以及图形等元件，也可以存储外部导入的音频和图形、图像等对象，如需调用只需要将该元件从库中拖放至舞台即可。

1. "库"面板

在动画设计与创作中,"库"面板是比较重要的,会经常用到。例如,打开"库"面板查看库中的元件以及调用库中的元件等,都需要用到"库"面板。选择"窗口"→"库"命令,或按〈Ctrl+L〉快捷键即可打开"库"面板,如图 5-27 所示。

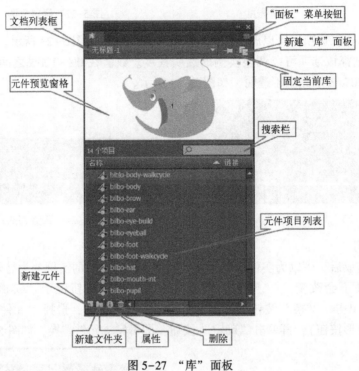

图 5-27 "库"面板

"面板菜单"按钮:单击该按钮可以打开"面板"菜单,使用菜单中的命令,可实现新建元件、新建文件夹、新建字型、新建视频以及重命名、删除、直接复制和锁定等操作。

文档列表框:当用户打开多个文档时,单击该列表框的按钮,在打开的下拉菜单中会显示已打开文档名,选择文档后即可切换到该文档的库。

"固定当前库"按钮:单击该按钮,此时,按钮显示状态为 ,表示为锁定当前库。

"新建库面板"按钮:单击该按钮将会新建一个"库"面板。

元件预览窗格:在元件项目列表中选中一个项目后,可以在预览窗格中查看该项目内容。如是音频,可以单击"播放"按钮,直接播放音频效果;如果是视频,也可以单击"播放"按钮预览视频效果。

搜索栏:当库中存储的元件较多时,如要找到某个具体的元件,可通过搜索栏输入具体的元件名称来快速找到所需要的元件,输入元件名称后按〈Enter〉键,元件项目列表中会显示出包含该元件名称的元件。

元件项目列表:该项目列表中会显示出所有项目信息,利用项目列表可以精准查看项目具体信息。

"新建元件"按钮:单击该按钮,可以打开"创建新元件"对话框,在对话框中可以设置元件名称和类型等信息,设置完成后单击"确定"按钮,即可创建一个新元件。

"新建文件夹"按钮：单击该按钮，可以在库中新建一个文件夹。

"属性"按钮：单击该按钮，可以打开库中元件"属性"面板，快速查看该元件相关信息。

"删除"按钮：选中库中的元件，单击"删除"按钮，即可删除该元件。

2. 库的管理

在 Animate CC 2018 中，利用库可以对元件进行常规的管理，主要包括元件的重命名、元件的删除、直接复制元件、元件的转换以及元件的排序等。

（1）元件的重命名

元件的命名很重要，清晰有效的命名可方便在库中进行搜索。打开"库"面板，在搜索栏中输入元件名可快速实现对元件查找。在"库"面板中还可以对元件进行重命名，双击要重命名的元件名称（或在需要重命名的元件上右击，在弹出的快捷菜单中选择"重命名"命令），输入新的元件名称即可。

（2）元件的删除

在设计与创作动画时，有时会有创建了元件而未使用的情况，此时，未使用的元件会增大动画文件的体积，因此，有必要删除已经创建而未使用的元件。右击要删除的文件，在弹出的快捷菜单中选择"删除"命令，或单击"库"面板下方的"删除"按钮，即可删除元件。

（3）元件的转换

在动画创作与编辑中，可随时将库中的元件类型转换为需要的类型，如将图形元件转换为按钮元件，使之具有按钮元件的属性。

（4）元件的排序

"库"面板的元件列表中列出了元件的名称、类型以及链接等，单击"链接"左侧的三角形按钮可以改变元件的排序，默认情况下为升序，如图5-28a所示；再单击三角形按钮可以将升序转换为降序，如图5-28b所示。

a)　　　　　　　　　　　　　　b)

图 5-28　元件的排序效果

a）升序　b）降序

5.3 时间轴

在 Animate CC 2018 中，时间轴主要用于组织和控制一定时间内在图层和帧中的内容。选择"窗口"→"时间轴"命令，可以打开"时间轴"面板，如图 5-29 所示。"时间轴"面板是创建与设计动画的基本面板，时间轴中的每一个方格称为一个帧，帧是 Animate CC 2018 中计算时间的基本单位。"时间轴"面板默认情况下，一般位于舞台下方，主要由"图层"面板、"新建图层"按钮、"新建文件夹"按钮、"删除"按钮、播放头、"帧"面板、时间显示、帧编号、播放控制按钮、帧编辑按钮以及时间轴状态栏等部分组成。图层就像堆叠在一起的多张幻灯胶片一样，位于"时间轴"面板左上角，每个图层都有自己的时间轴，位于图层的右侧，包含了该图层动画的所有帧。

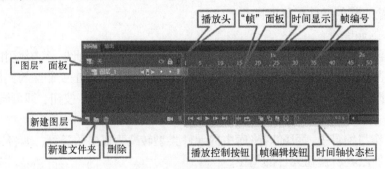

图 5-29 "时间轴"面板

图层有助于在文档中组织作品，图 5-29 中只含有一个图层，名为图层 1。可以把图层看作堆叠在彼此上面的多个幻灯片，每个图层都包含一幅出现在舞台上的不同图像，可以在一个图层上绘制和编辑对象，而不会影响另一个图层的对象。图层按它们互相重叠的顺序堆叠在一起，使得位于"时间轴"面板下方图层上的对象在舞台上显示时将出现在底部。单击"图层"选项下方的各个图层的圆点，可以隐藏、锁定或只显示图层内容。Animate CC 文档以帧为单位度量时间，在影片播放时，播放头在时间轴中向前移动。在帧区域中，顶部的数字是帧的编号，播放头指示了舞台中当前显示的帧。若要在舞台上显示帧的内容，需要将播放头移到此帧上。在"时间轴"面板底部，Animate CC 会显示所选的帧编号、当前帧频以及当前在影片中所流逝的时间。

在"时间轴"面板的上方显示帧的编号和时间，播放头指示出当前舞台中显示的帧，单击时间轴下方的"播放"按钮，播放头会从左向右进行播放，此时，播放头会滑过对应的帧和时间。时间轴状态显示在"时间轴"面板的下方，可以显示当前"帧数"、"帧频率"以及"运行时间"。

5.4 帧

帧是进行动画设计与创作的最基本的单位，帧上可以放置图形、文字以及声音等对象，多个帧按照先后次序以一定速率播放形成动画。帧在时间轴上的排列顺序将会决定动画的播放顺序。

5.4.1 帧的类型

在 Animate CC 2018 中帧按照功能的不同，可以分为普通帧、空白关键帧和关键帧等多种类型。

1. 普通帧

普通帧一般用于延长影片播放的时间，在时间轴上显示为灰色填充或白色填充的小方格，如图 5-30 所示。

图 5-30　普通帧

2. 空白关键帧

空白关键帧在时间轴上显示为空心的圆点，是没有场景的实例内容的关键帧。当新建一个图层时，会自动新建一个空白关键帧，但是在绘制图形后会变为关键帧。如果将多个关键帧中的对象删除，那么多个被删除的关键帧会变成空白关键帧。空白关键帧如图 5-31 所示。

图 5-31　空白关键帧

3. 关键帧

关键帧是有内容的帧，在时间轴上显示为实心的圆点，是用来定义动画变化和更改状态的帧。在动作补间动画以及形状补间动画中，只需要在动画发生变化的位置定义关键帧，Animate CC 2018 就会自动创建关键帧之间的帧内容，此时，两个关键帧之间由箭头相连。关键帧如图 5-32 所示。

图 5-32　关键帧

5.4.2 创建帧

设计与制作动画时，根据需要常常要创建关键帧、空白关键帧、传统补间帧以及形状补间帧等。

1. 创建关键帧

1）打开 Animate CC 2018 软件，打开"时间轴"面板，在第一帧绘制一个图形。

2）单击"帧"面板上的第 15 帧，然后右击，在弹出的快捷菜单中选择"插入关键帧"命令。此时，"帧"面板上的第 15 帧上会显示出创建的关键帧，如图 5-33 所示。

2. 插入帧

1）打开 Animate CC 2018 软件，打开"时间轴"面板，在第一帧绘制一个图形。

2）单击"帧"面板上的第 15 帧，然后右击，在弹出的快捷菜单中选择"插入帧"命令。此时，"帧"面板上的第 15 帧上会显示出创建的帧，如图 5-34 所示。

图 5-33　创建关键帧

图 5-34　插入帧

3. 创建空白关键帧

1）打开 Animate CC 2018 软件，打开"时间轴"面板，在第一帧绘制一个图形。

2）单击"帧"面板上的第 15 帧，然后右击，在弹出的快捷菜单中选择"插入空白关键帧"命令。此时，"帧"面板上的第 15 帧上会显示出创建的空白关键帧，如图 5-35 所示。

4. 创建传统补间帧

1）打开 Animate CC 2018 软件，打开"时间轴"面板，在第一帧绘制一个图形。

2）单击"帧"面板上的第 15 帧，然后右击，在弹出的快捷菜单中选择"插入帧"命令，单击第一帧，然后右击，在弹出的快捷菜单中选择"创建传统补间"命令，此时弹出如图 5-36 所示的信息。

图 5-35　创建空白关键帧

图 5-36　提示信息

单击"确定"按钮，此时，时间轴上带有紫色背景的黑色箭头表示"补间动画"，中间的帧为补间帧，如图 5-37 所示。

5. 创建形状补间帧

1）打开 Animate CC 2018 软件，打开"时间轴"面板，在第一帧绘制一个图形。

2）单击"帧"面板上的第 15 帧，然后右击，在弹出的快捷菜单中选择"插入帧"命令，单击第一帧，然后右击，在弹出的快捷菜单中选择"创建形状补间"命令，在弹出的提示信息对话框中单击"确定"按钮。此时，时间轴上第 1 帧和第 15 帧为关键帧，中间绿色背景带黑色箭头的帧为补间帧，如图 5-38 所示。

图 5-37 创建传统补间帧

图 5-38 创建形状补间帧

5.4.3 "帧"面板表现形式

1. "帧"面板中补间的表现形式

在"帧"面板中，时间轴上带绿色背景的黑色箭头表示"形状补间动画"，中间的帧为补间针，形状补间动画帧的表现形式如图 5-39 所示。

在"帧"面板中，虚线表示补间是断的或不完整的，如最后的关键帧丢失，形状补间动画失败的帧表现形式如图 5-40 所示。

图 5-39 形状补间动画帧表现形式

图 5-40 形状补间动画失败的帧表现形式

在"帧"面板中，时间轴上第 1 帧和第 15 帧为关键帧，中间紫色背景带黑色箭头的帧为补间帧，传统补间动画帧表现形式如图 5-41 所示。

在"帧"面板中，传统补间动画失败的帧表现形式如图 5-42 所示。

图 5-41 传统补间动画帧表现形式

图 5-42 传统补间动画失败的帧表现形式

2. 添加有动作脚本的帧表现形式

在"帧"面板中，第 15 帧上出现了一个小写的字母"a"，表示已利用"动作"面板为该关键帧添加了一个动作脚本，如图 5-43 所示。

3. 帧标签

在时间轴中，选择第 20 帧，选择"窗口"→"属性"命令，打开"属性"面板，在"标签"选项组的"名称"文本框中输入"小球"；在"类型"下拉菜单中选择"名称"选项，如图 5-44 所示。

图 5-43 添加有动作脚本的帧表现形式

图 5-44 帧标签"属性"面板

在舞台空白处单击，此时，在第 20 帧上会显示红色的小旗，表示该关键帧包含一个"小球"标签名称，如图 5-45 所示。

"帧"面板中，绿色的双斜杠表示该关键帧包含标签注释，如图 5-46 所示。

"帧"面板中，金色的锚记表明该关键帧包含一个标签锚记，如图 5-47 所示。

图 5-45 帧标签

图 5-46 帧标签注释

图 5-47　帧标签锚记

5.4.4　帧的编辑操作

在"时间轴"面板中,可对帧进行编辑操作,主要有选择帧、复制帧、粘贴帧、剪切帧、删除帧、移动帧、清除帧以及翻转帧等。

1. 选择帧

"帧"面板中有很多的帧,在帧的编辑操作中首先要准确定位和选择相应的帧,然后才能进行其他的输入、移动、翻转等操作。

（1）选择单个帧

在"帧"面板中,选择需要编辑的帧,如图 5-48 所示。

（2）选择帧序列

在"帧"面板中,单击某一帧并拖动鼠标选取需要的帧、关键帧或帧序列,如图 5-49 所示。

图 5-48　选择单个帧

图 5-49　选择帧序列

（3）不同图层帧的选择

在"帧"面板中,按住〈Ctrl〉键,单击并拖动鼠标选取不同图层中的帧、关键帧或帧序列,如图 5-50 所示。

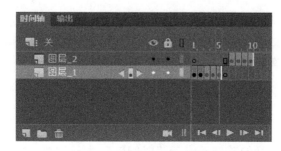

图 5-50　选择不同图层的帧

2. 复制与粘贴帧

选择需要复制的帧、关键帧或帧序列，然后右击，在弹出的快捷菜单中选择"复制帧"命令，右击"帧"面板上需要放置帧的位置，在弹出的快捷菜单中选择"粘贴帧"命令，便可完成帧复制与粘贴。复制与粘贴帧的操作，可以将同一场景中的帧、关键帧或帧序列复制到新的图层中的"帧"面板上，也可以将不同场景中的帧、关键帧或帧序列复制到新的图层中的"帧"面板上。

3. 剪切帧

在"帧"面板中，选择需要剪切的一个或多个帧，然后右击，在弹出的快捷菜单中选择"剪切帧"命令，即可剪切掉所选择的帧，被剪切的帧保存在 Animate CC 2018 的剪切板中，可以在需要时重新使用。

4. 删除帧

在"帧"面板中，选择需要删除的一个或多个帧，然后右击，在弹出的快捷菜单中选择"删除帧"命令，即可删除所选择的帧。如果删除的是连续帧中间的某一个或多个帧，后面的帧会自动提前填补空位。

5. 移动帧

在动画设计与创作中，移动帧是常常用到的帧的编辑操作，将已经完成的帧或帧序列移动到新的位置，以便于对时间轴上的帧进行调整和重新分配。如果要移动单个帧，需要选中要移动的帧，按住鼠标左键不放，拖拽至需要放置帧的位置即可。帧的移动可以在同一个图层进行，也可以移动到其他图层的时间轴上的任意位置。

6. 清除帧

清除帧与删除帧不同。清除帧主要是将选中的帧的内容清除，并将这些帧自动转换为空白关键帧，删除帧则是直接将选中的帧删除。

（1）清除关键帧

在"帧"面板中，选择需要清除的一个或多个帧，然后右击，在弹出的快捷菜单中选择"清除关键帧"命令，即清除所选择的帧。

（2）清除补间帧

在"帧"面板中，选择已经创建补间帧序列上需要清除的普通帧，选择"修改"→"时间轴"→"清除帧"命令，或右击该帧，在弹出的快捷菜单中选择"清除帧"命令，会插入一个空白关键帧和与后面内容一致的关键帧。

7. 翻转帧

翻转帧的功能是使选定的一组帧按照顺序翻转过来，使第 1 帧变为最后 1 帧，最后 1 帧变为第 1 帧，反向播放动画。在"帧"面板中，选择需要翻转的一段帧，然后右击，在弹出的快捷菜单中选择"翻转帧"命令，即可实现翻转帧的操作。

5.5　图层

图层是设计与创建动画的基础，位于"时间轴"面板左侧。文档中的每一个场景可以包含多个图层，上层的动画对象会遮挡住下层的动画对象，在不同的图层上放置不同的图形对象将会为动画的编辑和处理带来便利。在动画设计与创作中，图层的作用和卡通片制作中透明纸的作用相似，通过在不同的图层放置相应的元件，再将它们重叠在一起，可以获得层次丰富、变化多样的动画效果。

5.5.1 图层的原理

在 Animate CC 2018 中，可以将图层看作重叠在一起的多张透明胶片。当图层上没有任何对象时，可以透过上面的图层看下面图层上的内容，在不同的图层上可以编辑不同的元件。新建一个文档后，系统会自动生成一个图层，默认状态下为图层 1。对于图层的操作主要是在层控制区进行，层控制区位于时间轴左侧，如图 5-51 所示。在层控制区中可实现增加图层、删除图层、隐藏图层以及锁定图层等操作。

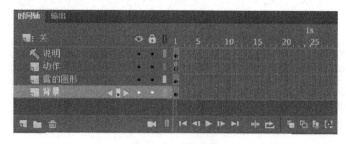

图 5-51　图层控制区

5.5.2 图层的分类

在 Animate CC 2018 中，每一个图层相互独立，都有自己的时间轴，包含自己独立的多个帧，当修改某一个图层时，另一个图层上的对象不会受到影响。图层的类型主要有普通层、引导层和遮罩层等多种类型。

1. 普通层

打开 Animate CC 2018 软件，新建一个文档，系统默认状态下的层，即为普通层，如图 5-52 所示。

图 5-52　普通层

2. 引导层

在 Animate CC 2018 中，新建文档，在图层 1 中创建一个传统补间动画，选中图层 1 中的第 1 帧然后右击，在弹出的快捷菜单中选择"添加传统运动引导层"命令。此时，图层 1 上方会出现引导层，引导图层的图标为 形状，在它下面的图层中的对象则被引导，如图 5-53 所示。

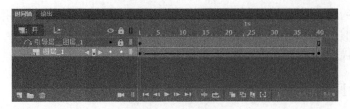

图 5-53　引导层

3. 遮罩层

在 Animate CC 2018 中，新建文档，在图层 1 中创建一个传统补间动画，单击"新建图层"按钮，新建一个图层 2。在图层 2 中创建一个图形对象或文本，右击图层 2，在弹出的快捷菜单中选择"遮罩层"，遮罩层图标为 █，被遮罩的图层图标为 █。创建完成的遮罩层如图 5-54 所示。

图 5-54　遮罩层

5.5.3　图层的状态

在设计与创建动画过程中，一个场景中有多个图层的图形对象显示，会干扰其他图层的编辑。为了进行单独图层的编辑，可以使用"时间轴"面板上的图层状态控制按钮进行图层的锁定、解锁、显示、隐藏等操作，如图 5-55 所示。

图 5-55　图层状态控制按钮

1. 显示与隐藏图层

在编辑场景过程中，可以将一些图层场景的动画对象隐藏，只保留需要编辑的场景动画对象的图层，也可以隐藏所有图层场景的动画对象，使新建的图层场景的编辑操作不受影响。单击"显示/隐藏"按钮 █，可以显示或隐藏所有图层场景的动画对象。如果要显示或隐藏单个图层的动画对象，则需要单击图层中与显示/隐藏所有图层按钮相对应的"显示/隐藏当前图层"按钮 █。当该按钮变为 █ 时，表示隐藏当前图层动画对象，再次单击时便可还原并显示动画对象。

2. 锁定图层

当所有图层编辑完成后，可以单击"锁定"按钮 🔒 锁定所有图层，再次单击则可解除锁定。如要锁定当前单个图层，则需要单击"锁定"按钮 🔒 下方的与当前图层对应的按钮 ⬛，单击后便可实现当前图层的锁定，再次单击则可解除当前图层的锁定。

3. 使用高级图层

在动画设计与创作中，如果要启用高级图层，需要单击图层 1 上方的按钮 ⬛关，打开高级图层，此时会弹出一个提示信息，如图 5-56 所示；单击"使用高级图层"按钮，则此时图层上的 ⬛关 按钮变为 ⬛开 📈，如图 5-57 所示。

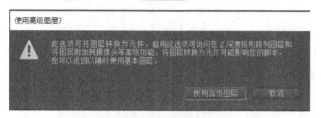

图 5-56　提示信息

图 5-57　使用高级图层

5.5.4　图层的基本操作

图层的基本操作主要有选择图层、新建图层、重命名图层、删除图层、复制图层、调整图层顺序以及图层属性设置。

1. 选择图层

选择图层主要包括选择单个图层、选择相邻图层以及选择不相邻的图层 3 种。

（1）选择单个图层

单个图层的选择只需要在图层控制区单击需要编辑的图层即可，或单击时间轴中需要编辑的图层的任意一个帧格，也可在绘图工作区选取需要编辑的对象即可选择图层。

（2）选择相邻图层

单击需要选择的第一个图层，按住〈Shift〉键，单击要选择的最后一个图层即可实现两个图层之间的所有图层的选取。

（3）选择不相邻图层

单击需要选取的图层，按住〈Ctrl〉键，再单击需要选取的其他图层即可实现不相邻的图层选取。

2. 新建图层

新建图层的方法主要有 3 种，分别为用按钮新建图层、用右键快捷菜单新建图层以及利用命令新建图层等。

（1）用按钮新建图层

单击"时间轴"面板上图层控制区下方的"新建图层"按钮 ⬛，即可完成一个新图层的创建。

（2）用右键快捷菜单新建图层

在"时间轴"面板的图层控制区选中一个已经存在的图层，然后右击，在弹出的快捷菜单中选择"插入图层"命令，即可完成新图层的创建，如图 5-58 所示。

（3）利用命令新建图层

在"时间轴"面板的图层控制区选中一个已经存在的图层，选择"插入"→"时间轴"→"图层"命令，即可完成新图层的创建，如图5-59所示。

图 5-58　插入新图层

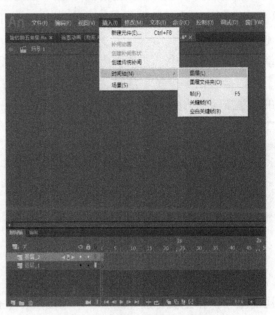

图 5-59　利用命令插入新图层

3. 重命名图层

在动画设计与创作中，时间轴中的图层会越来越多，如果需要查找某个具体的图层会比较烦琐。为了便于查找需要的图层，可以对图层进行重命名，重命名的原则是能够让人通过名称识别快速查找到需要的图层。双击需要重命名的图层，该图层会进入编辑状态，在"名称"文本框中输入新的名称，单击"确定"按钮即可完成重命名操作。

4. 删除图层

删除图层主要有3种方法，分别为利用"删除"按钮删除图层、利用右键菜单删除图层和拖动法删除图层。

（1）利用"删除"按钮删除图层

选中要删除的图层，单击图层下方的"删除" 🗑 按钮，即可完成图层的删除。

（2）利用右键菜单删除图层

右击要删除的图层，在弹出的快捷菜单中选择"删除图层"命令，即可将选中的图层删除。

（3）拖动法删除图层

选中需要删除的图层，按住鼠标左键不放，将选中的图层拖至 🗑 按钮上再释放鼠标，即可完成图层删除。

5. 复制图层

复制图层可以将某个图层的所有帧粘贴到另一个图层中。选中要复制的图层，选择"编辑"→"时间轴"→"复制帧"命令，或在需要复制的帧上右击，在弹出的快捷菜单中选择"复制帧"命令，单击要粘贴帧的新图层，选择"编辑"→"时间轴"→"粘贴帧"命令，或者在需要粘贴的帧上右击，在弹出的快捷菜单中选择"粘贴帧"命令，即可实现图层复制。

6. 调整图层顺序

在动画设计与创作中，为使动画效果达到理想的效果，有时会用到图层顺序的调整操作。选中要移动的图层，按住鼠标左键不放，此时图层以一条粗横线表示，拖动图层到需要放置的位置，释放鼠标左键即可完成图层顺序调整。

7. 图层属性设置

图层的名称、可见性、类型、轮廓颜色以及图层高度等都可以在"图层属性"对话框中进行设置。右击图层，在弹出的快捷菜单中选择"图层属性"命令，即可打开"图层属性"对话框，在该对话框中调整相关选项即可改变图层属性，如图 5-60 所示。

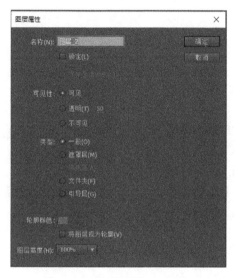

图 5-60 "图层属性"对话框

5.5.5 组织图层文件夹

在 Animate CC 2018 中，单击图层下方的"新建文件夹"按钮![图标]，可以插入图层文件夹，如图 5-61 所示。

选中要放入文件夹 1 的所有图层，将其拖放至文件夹 1，即可实现图层放置于图层文件夹的操作，如图 5-62 所示。

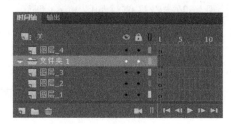

图 5-61 插入图层文件夹

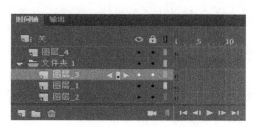

图 5-62 拖动图层

将图层文件夹中的图层取出只需要选中要取出的图层，按住鼠标左键不放，拖动至文件夹 1 上方后释放鼠标，即可完成图层从图层文件夹中取出，如图 5-63 所示。

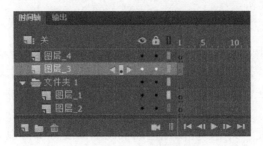

图 5-63　取出图层

5.6　思考与练习

1. 填空题

1）元件是指可以重复利用的_____，制作好的元件或导入到舞台的文件都会保存在库中。

2）元件的类型主要有 3 种，分别为_____、_____、_____。

3）在 Animate CC 2018 中，库是_____，库可以存储_____，也可以存储_____，如需要调用则只需要将该元件从库中拖放至舞台即可。

4）帧是_____，帧上可以放置_____，多个帧按照先后次序以一定速率播放形成动画，帧在时间轴上的排列顺序会_____。

2. 简答题

1）简述图层的原理。

2）图层的基本操作有哪些？

5.7　上机操作

5.7.1　旋转风车

利用 Animate CC 2018 软件制作一个旋转风车动画。

主要操作步骤指导：

1）启动 Animate CC 2018，新建一个文档，属性设置保持默认值，如图 5-64 所示。

2）选择"插入"→"新建元件"命令，打开"创建新元件"对话框，创建一个名称为风车效果的影片剪辑元件，如图 5-65 所示。

3）选择"工具箱"面板中的"椭圆工具"，绘制一个圆，利用选择工具选中圆的一半并删除，得到一个半圆，再复制 3 个半圆，并填充不同的颜色，将其位置调整好，效果图如图 5-66 所示。

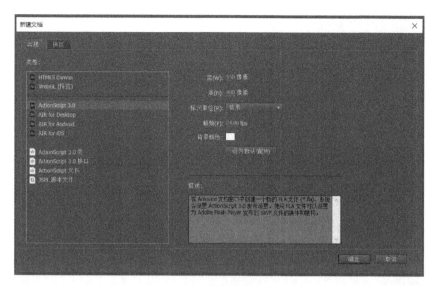

图 5-64　新建文档（一）

图 5-65　创建影片剪辑元件

图 5-66　绘制风车

4）在 35 帧位置处插入关键帧，右击第 1 帧，在弹出的快捷菜单中选择"创建传统补间动画"，如图 5-67 所示。

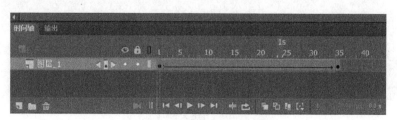

图 5-67　创建传统补间动画

5）打开"属性"面板，在"补间"选项组中选择"旋转"为顺时针，如图 5-68 所示。

6）将做好的影片剪辑元件拖放至舞台，新建一个图层，绘制一个风车杆，调整好位置。

7）利用颜料桶工具完成颜色填充。按〈Ctrl+Enter〉组合键测试影片，显示旋转风车效果，如图 5-69 所示。

图 5-68　设置属性

图 5-69　旋转风车

5.7.2　花朵盛开

利用 Animate CC 2018 软件制作一个花朵盛开效果。

主要操作步骤指导：

1）启动 Animate CC 2018，新建一个文档，属性设置保持默认值，如图 5-70 所示。

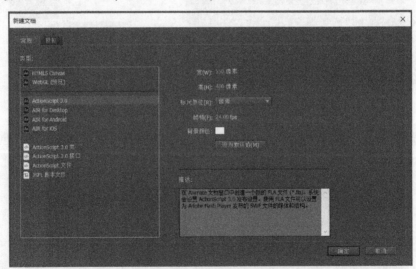

图 5-70　新建文档（二）

2）选择"插入"→"新建元件"命令，打开"创建新元件"对话框，在"名称"文本框中输入花朵，"类型"选择影片剪辑，如图 5-71 所示。

图 5-71　创建花朵影片剪辑

3）选择"工具箱"面板中的"椭圆工具"，绘制花苞，选择"工具箱"面板中的"矩形工具"绘制花枝，绘制完成后的花苞与花枝如图 5-72 所示。

4）选择"窗口"→"颜色"命令，打开"颜色"面板，设置颜色类型为线性渐变，设置好填充颜色线性渐变效果，如图 5-73 所示。

5）选择"工具箱"面板中的"颜料桶工具"完成花苞颜色填充，选择工具箱中的"渐变变形工具" 对其填充效果进行调整。再选择"工具箱"面板中的"颜料桶工具"，设置填充颜色为绿色，对花枝进行颜色填充，如图 5-74 所示。

6）打开"库"面板，此时库中会显示绘制好的花朵影片剪辑效果，如图 5-75 所示。

图 5-72　绘制花苞与花枝　　　图 5-73　设置颜色　　　图 5-74　颜色填充

7）右击库中的花朵元件，在弹出的快捷菜单中选择"直接复制"选项，此时，在库中会出现一个"名称"为花朵复制的影片剪辑元件。按照相同操作，创建花朵复制 2 和花朵复制 3 的影片剪辑元件，如图 5-76 所示。

8）选中库中的"花朵"元件，将其拖放至舞台，然后在时间轴的第 10 帧中插入空白关键帧，将花朵复制元件拖放至舞台。选中花朵复制元件的花苞，选择"修改"→"变形"→"水平翻转"命令，改变关键帧处的花苞形状，调整好花苞位置，如图 5-77 所示。

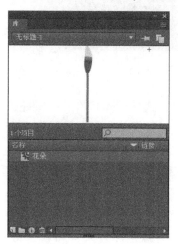

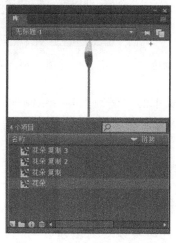

图 5-75　"库"面板　　　图 5-76　创建花朵复制元件　　　图 5-77　调整花苞效果

9）选择"插入"→"新建元件"命令，打开"创建新元件"对话框，在"名称"文本框中输入花瓣，"类型"选择"影片剪辑"，如图 5-78 所示。

10）选择"工具箱"面板中的"椭圆工具"绘制一个花瓣，选择"窗口"→"颜色"命令，打开"颜色"面板，设置填充颜色类型为"线性渐变"，设置好填充颜色的线性渐变效果，如图 5-79 所示。

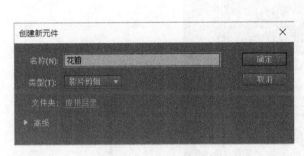

图 5-78　创建花瓣元件　　　　　　　　　图 5-79　设置花瓣填充颜色

11）选择"工具箱"面板中的"颜料桶工具"填充花瓣颜色效果，选择"工具箱"面板中的"渐变变形工具"对其填充效果进行调整，调整好的效果如图 5-80 所示。

12）选择"插入"→"新建元件"命令，打开"创建新元件"对话框，在"名称"文本框中输入花瓣 2，"类型"选择"影片剪辑"，如图 5-81 所示。

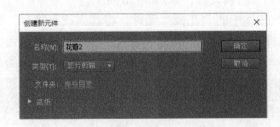

图 5-80　填充花瓣颜色　　　　　　　　图 5-81　创建花瓣 2 元件

13）选择"工具箱"面板中的"椭圆工具"绘制一个花瓣，选择"窗口"→"颜色"命令，打开"颜色"面板，设置填充颜色类型为"线性渐变"，设置好填充颜色的线性渐变效果，如图 5-82 所示。

14）选择"工具箱"面板中的"颜料桶工具"填充花瓣 2 颜色效果，选择"工具箱"面板中的"渐变变形工具"对其填充效果进行调整，调整好的效果如图 5-83 所示。

15）打开"库"面板，此时可以看到创建后的花瓣 2 和花瓣元件效果，如图 5-84 所示。

图 5-82 设置花瓣 2 填充颜色

图 5-83 填充花瓣 2 颜色

图 5-84 "库"面板

16）单击"新建图层"按钮，插入一个图层为图层 2。在该图层中的第 10 帧插入一个空白关键帧，第 20 帧插入一个关键帧，如图 5-85 所示。

17）将绘制好的花瓣和花瓣 2 元件从库中拖放至舞台，调整好位置，效果如图 5-86 所示。

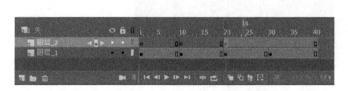

图 5-85 "时间轴"面板

图 5-86 花朵效果

18）在图层 2 的第 30 帧插入一个关键帧，如图 5-87 所示。

19）将绘制好的花瓣和花瓣 2 元件从库中拖放至舞台，调整好位置，如图 5-88 所示。

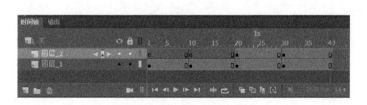

图 5-87 插入关键帧

图 5-88 花朵盛开效果

20）按〈Ctrl+Enter〉组合键测试影片，显示花朵盛开效果。

5.7.3 制作喇叭按钮

利用 Animate CC 2018 软件制作一个喇叭按钮。

主要操作步骤指导：

1）启动 Animate CC 2018，新建一个文档，属性设置保持默认值，如图 5-89 所示。

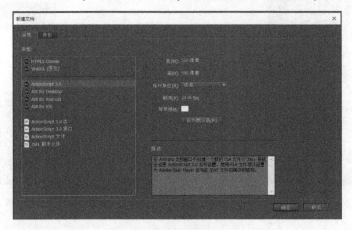

图 5-89　新建文档（三）

2）选择"插入"→"新建元件"命令，打开"创建新元件"对话框，在"名称"文本框中输入喇叭按钮，"类型"选择"按钮"，单击"确定"按钮，如图 5-90 所示。

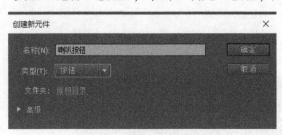

图 5-90　创建喇叭按钮元件

3）选择"工具箱"面板中的"椭圆工具"，设置笔触颜色为#990000，填充颜色设置为无，绘制两个圆，如图 5-91 所示。

4）选择"工具箱"面板中的"线条工具"，设置笔触颜色为#990000，填充颜色设置为#990000，在圆中绘制小喇叭，如图 5-92 所示。

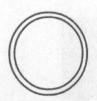

图 5-91　绘制两个圆　　　　　图 5-92　绘制圆中的小喇叭

5）选择"工具箱"面板中的"椭圆工具"，设置笔触颜色为#990000，填充颜色设置为#990000，绘制 3 个圆弧并调整好效果，如图 5-93 所示。

6）选择"工具箱"面板中的"颜料桶工具"，设置填充颜色为#FF6600，单击要填充颜色的位置，即可完成填充，如图 5-94 所示。

图 5-93　绘制 3 个圆弧

图 5-94　填充颜色

7）打开"库"面板，此时，"库"面板中会显示出绘制好的喇叭按钮元件，如图 5-95 所示。

8）选中"喇叭按钮"元件，将其拖放至舞台，按〈Ctrl+Enter〉组合键进行影片测试，显示喇叭按钮效果，如图 5-96 所示。

图 5-95　"库"面板中的"喇叭按钮"元件

图 5-96　喇叭按钮效果

5.7.4　制作动态导航菜单

利用 Animate CC 2018 软件制作一个动态导航菜单效果。

主要操作步骤指导：

1）启动 Animate CC 2018，选择"文件"→"新建"命令，打开"从模板新建"对话框，如图 5-97 所示。

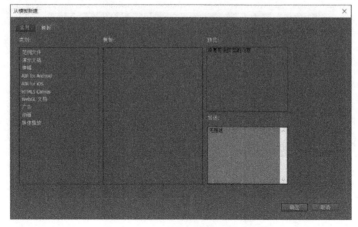

图 5-97　"从模板新建"对话框

2）选择"从模板新建"对话框中的"范例文件"，选中"菜单范例"，如图 5-98 所示。

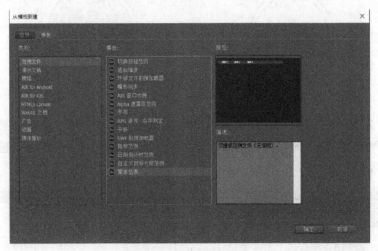

图 5-98　选中范例文件

3）单击"从模板新建"对话框中的"确定"按钮，即可进入场景 1 的舞台，如图 5-99 所示。

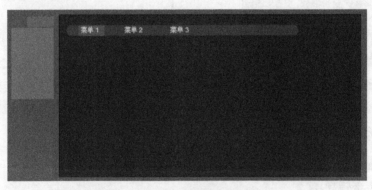

图 5-99　舞台中的菜单效果

4）按〈Ctrl+Enter〉组合键测试影片，显示动态导航菜单效果，如图 5-100 所示。

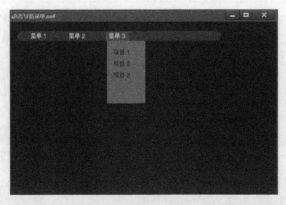

图 5-100　动态导航菜单

第 6 章　基本动画制作

Animate CC 2018 是一款功能强大的交互式矢量动画制作软件。利用 Animate 软件可以制作出丰富多彩的动画效果，还可将制作出的动画快速发布到 HTML5 Canvas、WebGL、Flash/Adobe AIR 及 SVG 的自定义平台等，投送到计算机、移动设备和电视上。本章将介绍基本动画制作的知识，主要包括逐帧动画、形状补间动画、传统补间动画、基于对象补间动画、引导动画、旋转动画和自定义缓入缓出动画。

6.1　逐帧动画

逐帧动画是一种常见的动画形式，是在时间轴的每个帧上逐帧地绘制出不同的画面，并使其连续进行播放而形成的画面，可以灵活表现丰富多变的动画效果。该动画技术利用人眼的视觉暂留原理，可快速地播放连续的、具有细微差别的图像，使原来静止的图像运动起来。逐帧动画的特点是具有很好的灵活性，可以制作出比较逼真的细腻的人物或动物的行为动作，例如，人物行走、说话、头发飘动，动物奔跑、爬行、跳跃以及 3D 效果等大多都是用逐帧动画来实现的。但逐帧动画需要一帧一帧地编辑，因此工作量比较大，同时还会占用较多的内存。在 Animate CC 2018 中，可以通过在每个关键帧中改变图像来创建逐帧动画。

6.1.1　外部导入方式创建逐帧动画

外部导入方式创建逐帧动画是最为常用的一种逐帧动画创建方式。该方式主要是利用其他应用程序创建动画或图形图像序列再导入到 Animate CC 2018 中，如利用 swish、swift 3D 等产生的动画序列，.gif 序列图像，或用 .jpg、.png 等格式的静态图片，连续导入到 Animate CC 2018 中，即可创建一个逐帧动画。

【例 6-1】新建一个文档，利用外部导入方式来创建一个逐帧动画。

1）启动 Animate CC 2018，新建一个文档，如图 6-1 所示。

2）在"新建文档"对话框中，设置"宽"为 550 像素，"高"为 400 像素，"帧频"为 24，"背景颜色"为默认的白色。

3）选择"文件"→"导入"→"导入到库"命令，打开"导入到库"对话框。在弹出的"导入到库"对话框中，选择本书教学资源包中的第 6 章素材文件夹下的"骏马飞奔素材"，选中骏马飞奔素材中的所有 .gif 序列图像，单击"打开"按钮将其导入到库，如图 6-2 所示。

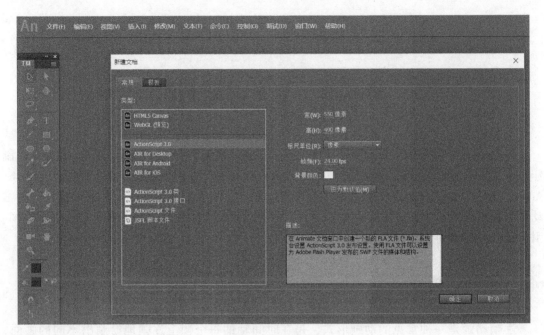

图6-1 新建文档

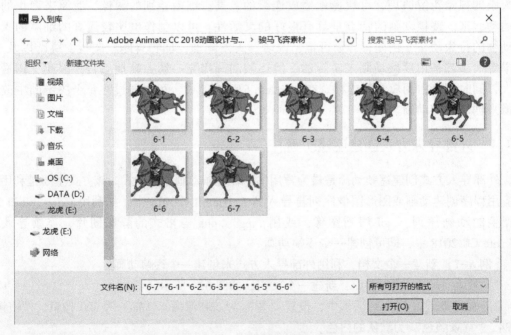

图6-2 将.gif序列图像导入到库

4）将素材包中骏马飞奔素材中的7个.gif序列图像拖入到舞台，并按照序号分别插入到时间轴上的第1帧~第7帧上，调整图像的大小和位置。

5）制作完成后的效果如图6-3所示。选择"文件"→"保存"命令，打开"另存为"对话框，将其以"外部导入方式创建逐帧动画"为文件名保存，如图6-4所示。

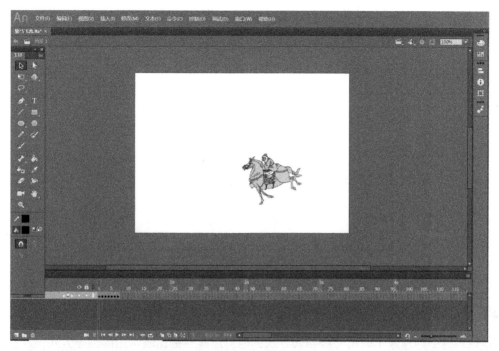

图 6-3　骏马飞奔最终效果

图 6-4　"另存为"对话框

6）按〈Ctrl+Enter〉组合键测试影片，显示骏马飞奔的动画效果，如图 6-5 所示。

图6-5　骏马飞奔动画效果

6.1.2　在 Animate CC 2018 中制作逐帧动画

逐帧动画的创建除了采用外部导入方式创建，还有一种比较常用的创建方式，即直接利用 Animate CC 2018 软件来制作逐帧动画。该方式相对于外部导入方式来说稍微复杂一些，需要制作每一个关键帧的内容来创建逐帧动画。本小节以人物行走动画为例，讲解在 Animate CC 2018 中制作逐帧动画的具体操作。

【例6-2】利用 Animate CC 2018 软件制作一个人物行走效果的逐帧动画。

1）启动 Animate CC 2018，新建一个文档，设置舞台背景色为天蓝色，其他属性保持默认值，如图6-6所示。

图6-6　新建文档

2）选择"文件"→"导入"→"导入到库"命令，打开"导入到库"对话框，在其中选择需要导入的图像素材，单击"打开"按钮即可将图像素材导入到"库"面板中。

3）打开"库"面板，将其中的"人物行走 1. jpg"位图拖放到舞台中央，如图 6-7 所示。

4）选择第 2 帧，按〈F6〉键插入关键帧。选中第 2 帧上的卡通人物图像，在"属性"面板中单击"交换"按钮，打开"交换位图"对话框，在其中选择"走路 2. jpg"位图。单击"确定"按钮，这样，第 2 帧上的卡通人物图像就被更换为需要的人物行走动作图像了。

5）按照先插入关键帧再交换位图的类似方法，从第 3 帧开始进行操作，一直到第 15 帧为止。完成操作后的图层结构如图 6-8 所示。

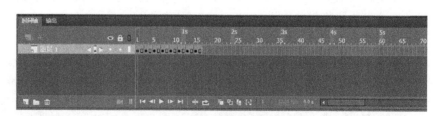

图 6-7　人物行走动画　　　　　　　　　　图 6-8　图层结构

6）按〈Enter〉键观看动画效果，可以看到人物行走的动画效果，如图 6-9 所示。

图 6-9　人物行走效果图

7）按〈Ctrl+Enter〉组合键测试影片，观看动画效果。

6.2 形状补间动画

形状补间动画不同于逐帧动画，该动画是一种基于对象的动画，是一种全新的动画类型。通过形状补间便可以创建类似于形变的动画效果，可使一种形状变为另一种形状，如圆变为长方形、长方形变为正方形、正方形变为三角形等，此外，还可实现诸如人物衣服摆动、窗帘飘动、人物头发飘动以及牛象互变等动物形状的改变。本节以 3 个动画为例讲解在 Animate CC 2018 中制作形状补间动画的具体操作。

【例 6-3】 利用 Animate CC 软件制作一个牛象互变效果的形状补间动画。

1）启动 Animate CC 2018，新建一个文档，设置舞台背景色为天蓝色，其他属性保持默认值。

2）选择本书教学资源包中的第 6 章素材文件夹下的"牛象互变素材"，选中"牛 .jpg"和"大象 .jpg"，单击"打开"按钮将其导入到库。

3）单击时间轴上的第 1 帧，将库中的"牛 .jpg"拖入到舞台，调整到适当的位置，然后，单击时间轴上的第 35 帧，将"大象 .jpg"拖入到舞台，调整到适当的位置，右击第 1帧，在弹出的快捷菜单中选择"创建补间动画"命令，完成牛变象的补间动画创建，如图 6-10 所示。

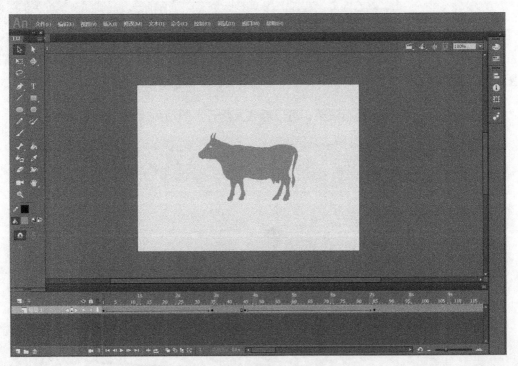

图 6-10 牛变象形状补间动画

4）单击时间轴上的第 45 帧，将库中的"大象 .jpg"拖入到舞台，调整到适当的位置，然后，单击时间轴上的第 85 帧，将"牛 .jpg"拖入到舞台，调整到适当的位置。右击第 45 帧，在弹出的快捷菜单中选择"创建补间形状"命令，完成象变牛的补间动画创建，如图 6-11 所示。

5）选择"文件"→"保存"命令，打开"另存为"对话框，将其以"牛象互变动画"为文件名进行保存。

6）调整好每个帧上的图像位置，按〈Ctrl+Enter〉组合键测试影片，显示牛变象的动画效果，如图 6-12 所示。

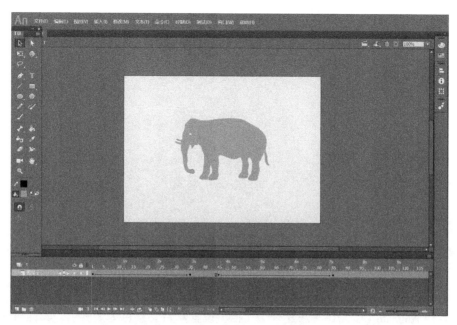

图 6-11　象变牛形状补间动画

图 6-12　牛变象动画效果

7）调整好每个帧上的图像位置，按〈Ctrl+Enter〉键测试影片，显示象变牛的动画效果，如图 6-13 所示。

【例 6-4】利用 Animate CC 2018 软件制作一个长方形变为三角形效果的形状补间动画。

图 6-13 象变牛动画效果

1）启动 Animate CC 2018，新建一个文档，设置舞台背景色为天蓝色，其他属性保持默认值。

2）选择工具箱中的"矩形工具"，单击工具箱中的"对象绘制"按钮和"紧贴至对象"按钮，填充颜色选择"红色"，选中第 1 帧，在舞台中绘制一个长方形，如图 6-14 所示。

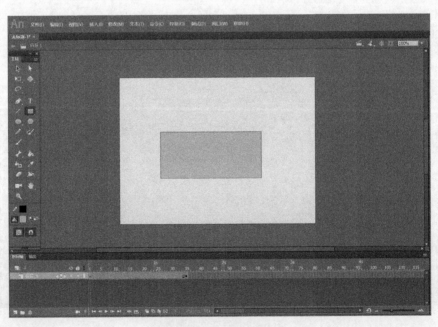

图 6-14 绘制长方形

3）单击第 35 帧，选择"多角星形工具"，填充颜色设置为红色，绘制一个三角形。打开"属性"面板，在"工具设置"下单击"选项"按钮，打开"工具设置"对话框，将"边数"设置为 3，单击"确定"按钮，绘制一个三角形，如图 6-15 所示。

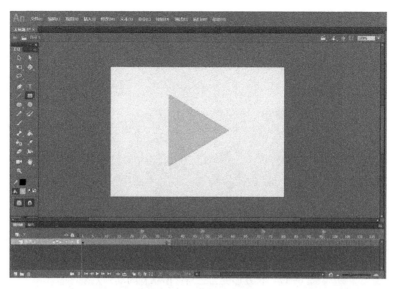

图 6-15　绘制三角形

4）右击第 35 帧，在弹出的快捷菜单中选择"创建补间形状"命令，完成长方形变为三角形形状补间动画的创建，如图 6-16 所示。选择"文件"→"保存"命令，打开"另存为"对话框，将其以"长方形变为三角形形状补间动画"为文件名进行保存。

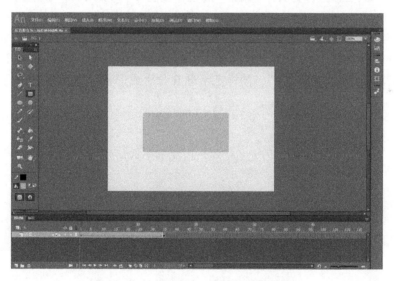

图 6-16　长方形变为三角形形状补间动画

5）调整好每个帧上的图像位置，按〈Ctrl+Enter〉组合键测试影片，显示长方形变为三角形的动画效果，如图 6-17 所示。

以上两个实例为常见的补间形状动画制作方法。但有时需要控制一些比较复杂和特殊的形状变化，则需要用到形状提示。形状提示是指在起始帧的起始形状和结束帧的结束形状中标识相对应的参考点，使 Animate CC 2018 在计算形变过渡时依据一定的规则进行，从而有效地控制形变过程。下面用一个简单的字母转换效果，来具体说明形状提示的妙用。

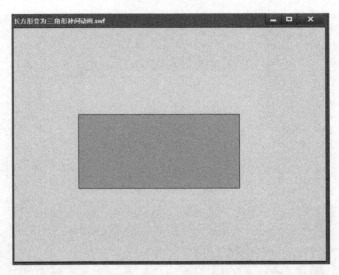

图 6-17 长方形变为三角形形状补间动画效果

【例 6-5】利用 Animate CC 2018 软件制作一个字母转换效果的形状补间动画。

1）启动 Animate CC 2018，新建一个文档，设置舞台背景色为天蓝色，其他属性保持默认值。

2）选择"文本工具"，打开"属性"面板，设置字体为 Arial，字体大小设置为 110，文本颜色为红色。

3）在舞台上单击，输入字母"A"，执行"修改"→"分离"命令，将字母分离成形状，字母 A 分离后如图 6-18 所示。选择图层 1 第 15 帧，按〈F7〉键插入一个空白关键帧。选择"文本工具"，输入字母"B"，同样把字母 B 分离成形状，如图 6-19 所示。

图 6-18 字母 A 分离成形状　　　　　　　图 6-19 字母 B 分离成形状

4）右击第 1 帧，在弹出的快捷菜单中选择"创建补间形状"命令，创建补间形状动画，如图 6-20 所示。

5）按〈Ctrl+Enter〉组合键测试影片，得出字母 A 变形为字母 B 的动画效果。但这个变形过程很乱，很难达到想要的效果。通过添加形状提示可快速改变动画效果。

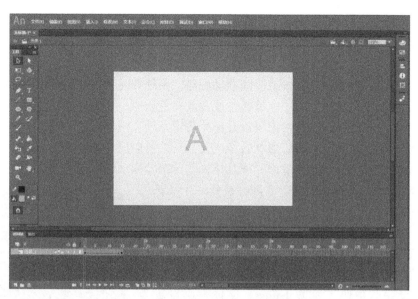

图 6-20　字母 A 变字母 B 的形状补间动画

6）选择图层 1 的第 1 帧，执行"修改"→"形状"→"添加形状提示"命令 3 次，这时舞台上会连续出现 3 个红的变形提示点。

7）在工具栏中，确认"紧贴至对象"按钮处于活动状态，调整第 1 帧~第 15 帧处的形状提示，如图 6-21 所示。

图 6-21　字母 A 添加形状提示效果

8）调整好后在空白处单击，提示点的颜色会发生变化。

9）再次按下〈Ctrl+Enter〉组合键测试影片，可以观察到字母 A 变形为字母 B 的动画效果已经比较自然了，字母转换的过程是按照添加的提示点进行效果呈现的。

6.3 传统补间动画

传统补间动画又称为渐变动画或中间帧动画等。传统补间动画适用于设置图层中元件的各种属性，包括元件的位置、大小、旋转角度和改变色彩等，可为这些属性建立一个变化的运动关系。构成传统补间动画的对象可以是影片剪辑元件、图形元件、按钮元件、文字、位图和组等，但不能是形状，只有将形状转换成元件后才可以成为传统补间动画中的对象。本节用一个简单的飞机飞行的动画效果，来具体说明传统补间动画的创建方法。

【例6-6】利用Animate CC 2018软件制作一个飞机飞行的动画效果。

1) 启动Animate CC 2018，新建一个文档，设置舞台背景色为天蓝色，其他属性保持默认值。

2) 选择"文本工具"，打开"属性"面板，在"属性"面板中设置"系列"为Webdings，字体大小设置为110，文本颜色为红色，如图6-22所示。

3) 在舞台上单击，然后按键盘上的字母〈J〉键，这时，舞台上会出现一个飞机的符号，将这个飞机符号拖拽到舞台上的右上角，如图6-23所示。

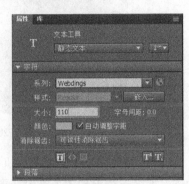

图6-22 属性设置

图6-23 输入飞机符号

4) 选择图层1的第30帧，按〈F6〉键插入关键帧，将飞机移动到舞台的左下角，如图6-24所示。

5) 选择第1帧~第30帧的任意一帧，然后右击，在弹出的快捷菜单中选择"创建传统补间"命令，如图6-25所示。

图 6-24　第 30 帧上飞机的位置

图 6-25　创建飞机飞行的传统补间动画

6）完成上述操作后，图层 1 中的第 1 帧~第 30 帧出现了一条带箭头的实线，并且第 1
帧~第 30 帧的帧格变成淡紫色，如图 6-26 所示。

图 6-26　飞机飞行效果的传统补间动画"时间轴"面板

7）按〈Ctrl+Enter〉组合键测试影片，得到飞机飞行的动画效果，如图6-27所示。

图6-27　飞机飞行的传统补间动画效果

6.4　基于对象补间动画

基于对象的补间动画是一种有别于传统补间动画和形状补间动画的动画，传统补间动画和形状补间动画将补间应用于关键帧，而基于对象的补间动画是将补间直接应用于对象而不是关键帧，因此，可以很容易地对舞台上的某些动画属性进行全面控制。

6.4.1　对象补间动画

对象补间动画具有操作简单且功能强大等特点，可以很轻松地对动画中的补间进行最大程度的控制。对象补间动画中可以利用的对象补间元素主要包括影片剪辑元件实例、图形元件实例和按钮元件实例以及文本等，此外，对象补间有一个运动路径，这个路径就是一个有很多节点的路径线条，利用贝塞尔手柄可以轻松更改运动路径。本小节通过制作一个飞机由远及近的飞行动画效果，来具体介绍对象补间动画的制作方法。

【例6-7】利用 Animate CC 2018 软件制作一个飞机由远及近的飞行动画效果。

1）启动 Animate CC 2018，新建一个文档，设置舞台背景色为天蓝色，其他属性保持默认值。

2）选择"文本工具"，打开"属性"面板，在"属性"面板中设置"系列"为 Web-dings，字体大小设置为110，文本颜色为红色。

3）在舞台上单击，然后按键盘上的字母〈J〉键，这时，舞台上会出现一个飞机的符号，将这个飞机符号拖拽到舞台的右上角。

4）选择图层1的第50帧，按〈F5〉键插入帧。选择第1帧~第50帧之间的任意一帧，然后右击，在弹出的快捷菜单中选择"创建补间动画"命令。这时第1帧~第50帧之间的帧颜色变成淡蓝色，如图6-28所示。

图 6-28 创建补间动画

5）将播放头移动到第 50 帧，然后，移动舞台上的飞机到舞台的左下角，这样就在第 50 帧创建了一个属性关键帧。同时，舞台上还会出现一条路径线条，线条上有很多节点，每个节点对应一个帧，如图 6-29 所示。

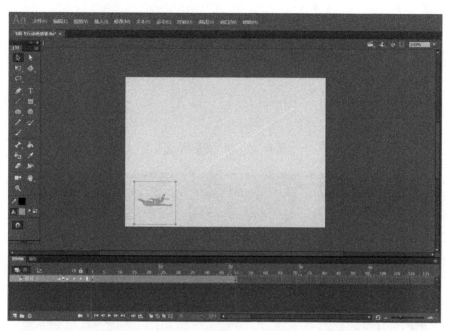

图 6-29 创建属性关键帧

6）按〈Enter〉键，可以看到飞机从舞台右上角飞行到舞台左下角的动画效果。

7）默认情况下，时间轴显示所有属性类型的属性关键帧。右击第 1 帧~第 50 帧之间的任意一帧，在弹出的快捷菜单中打开"查看关键帧"级联菜单，可以看到 6 个属性类型都被选中。

8）如果不想在时间轴上显示某一属性类型的属性关键帧，那么只需要在"查看关键帧"级联菜单中取消对某种属性类型的选择即可。例如，取消对位置属性的选择，就可以看到第 50 帧中不再显示菱形，虽然取消了第 50 帧的菱形显示，但是并不影响对象补间动画的效果。

9）观察动画效果。飞机是沿着直线飞行的，这是因为舞台上的路径线条当前是一条默认的直线，可以编辑路径线条，用选择工具将路径线条调整为曲线，如图 6-30 所示。

10）按〈Enter〉键，可以看到飞机沿着一条抛物线飞行的动画效果。

11）移动播放头到第 25 帧，然后选择对应舞台上的飞机，将其移动位置，这样在第 25 帧就创建了一个新的属性关键帧，如图 6-31 所示。

图6-30 调整路径线条

图6-31 创建新属性关键帧

12）移动播放头到第50帧，选中舞台上对应的飞机，在"属性"面板中更改飞机的"宽"，放大飞机的尺寸，这样就相当于在第50帧又更改了飞机的缩放属性。

13）再次按〈Enter〉键，可以看到飞机由远及近逐渐放大的飞行动画效果。

14）如果想调整飞机沿着路径飞行的姿势，可以单击第1帧~第50帧之间的任意一帧，打开"属性"面板，选中"旋转"选项组中的"调整到路径"复选框，如图6-32所示。这时，在第1帧~第50帧之间的所有帧都变成了属性关键帧。用部分选取工具调整好路径线条，如图6-33所示。

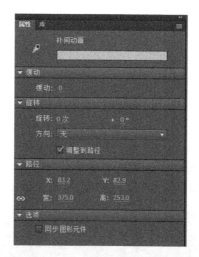

图 6-32 选中"调整到路径"复选框

图 6-33 调整好路径

15）再次按〈Enter〉键，可以看到飞机沿着曲线路径飞行的动画效果，而且飞机的飞行姿势也是沿着路径曲线进行调整的。

6.4.2 补间范围和目标对象

补间范围是指时间轴中的一组帧，其中的某个对象具有一个或多个随时间变化的属性。补间范围在时间轴中显示为具有蓝色背景的单个图层中的一组帧，可将这些补间范围作为单个对象进行选择，并从时间轴中的一个位置拖拽到另一个位置，包括拖拽到另一个图层。在每个补间范围中，只能对舞台上的一个对象进行动画处理，此对象称为补间范围的目标对象。

1. 补间范围的选择

1）启动 Animate CC 2018，新建一个文档，设置舞台背景色为天蓝色，其他属性保持默认值。

2）在舞台上绘制一个三角形，并将其转换为图形元件。

3）在第 40 帧插入帧，选择第 1 帧～第 40 帧之间的任意一帧，然后右击，在弹出的快捷菜单中选择"创建补间动画"命令，这样就创建了一个补间对象。这时"图层 1"名称前面的图标发生了变化，说明这个图层由普通图层变成了补间图层。

4）将播放头拖放在第 40 帧，选中舞台上的三角形，在"变形"面板中放大三角形的尺寸，这样就形成了一个三角形逐渐放大的动画效果，如图 6-34 所示。

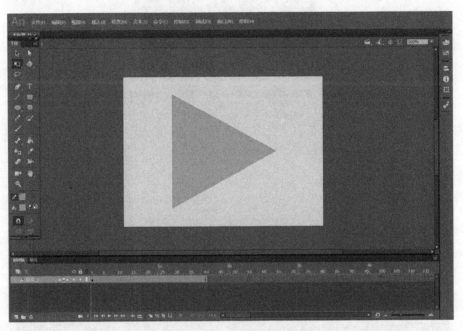

图 6-34　三角形逐渐放大的动画

5）第 1 帧～第 40 帧之间就是一个补间范围。双击第 1 帧～第 40 帧之间的任意一帧，补间范围内的帧就被全部选中。

6）如果要选择补间范围内的单个帧，可以单击该范围内的帧，如选中补间范围内的"第 20 帧"。

7）如果选择补间范围内的多个连续帧，可以按住〈Ctrl〉键的同时在选择范围内拖拽。

8）可以在图层 1 上再创建一段对象补间动画。选择第 41 帧，按〈F7〉键插入空白关键帧，在第 41 帧上绘制一个长方形，并将其转换为影片剪辑元件。

9）在第 60 帧插入帧，选择第 41 帧～第 60 帧之间的任意一帧，然后右击，在弹出的快捷菜单中选择"创建补间动画"命令，这样就创建了一个对象补间。

10）将播放头拖放到第 60 帧，选中舞台上的长方形，在"属性"面板中设置长方形的"Alpha"值为 0，这样就形成了一个长方形渐隐的动画效果。

11）第 41 帧～第 60 帧之间是一个新的补间范围，在这个补间范围内只有一个独立的对象，即为长方形影片剪辑实例。

12）如果要同时选中时间轴上两个补间范围，可以双击选中的第一个补间范围，按下〈Shift〉键的同时再单击第二个补间范围。

2. 补间范围的操作

1）接着上面的步骤继续操作。前面创建的两个补间范围之间有一条分割线，向右拖拽这条分割线，可以调整两个补间范围的长度，重新计算每个补间。

2）选中第一个补间范围，将其拖拽到第二个补间范围的右侧，这样动画播放的先后次序会发生改变。

3）新建一个图层，选中图层1上的一个补间范围，将其拖拽到图层2上，图层2也会由普通图层变为补间图层。

4）如果要复制补间范围，可以按住〈Alt〉键的同时将该补间范围拖拽到时间轴中的新位置，也可以通过执行"复制帧"和"粘贴帧"命令来进行补间范围的复制。

5）如果要删除补间范围，可以选中补间范围后右击，在弹出的快捷菜单中选择"删除帧"或"清除帧"命令。

6.4.3 创建对象补间的基本规则

1. 转换补间目标的类型

1）启动 Animate CC 2018，新建一个文档，设置舞台背景色为天蓝色，其他属性保持默认值。

2）在舞台上绘制一个长方形，选中该长方形后右击，在弹出的快捷菜单中选择"创建补间动画"命令，弹出"将所选的内容转换为元件以进行补间"对话框，如图6-35所示。

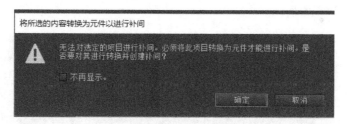

图6-35 "将所选的内容转换为元件以进行补间"对话框

3）单击"确定"按钮，舞台上的长方形变成一个影片剪辑元件的实例，并且，长方形所在图层变成了补间图层，时间轴上的帧自动延伸到第24帧。

4）这时，图层1上创建了一个对象补间。将播放头移动到第24帧，然后改变舞台上长方形的位置，这样就创建了一个对象位置移动的补间动画。这个补间是针对圆形影片剪辑实例的。

2. 普通图层变为补间图层的规则

当向图层上的对象添加补间时，Animate CC 执行下列操作之一。

1）将该图层转换为补间图层。

2）创建一个新图层，以保留该图层上对象的堆叠顺序。

图层是按照下列规则添加的。

1）如果该图层上除选定对象之外没有其他任何对象，则该图层更改为补间图层。

2）如果选定对象位于该图层堆叠顺序的底部（在所有其他对象之下），则 Animate CC 会在原始图层之上创建一个图层，新图层将保存未选择的项目，原始图层成为补间图层。

3）如果选定对象位于该图层堆叠顺序的顶部，则 Animate CC 会创建一个新图层，选定对象将移至新图层，而该图层将成为补间图层。

4）如果选定对象位于该图层堆叠顺序的中间，则 Animate CC 会创建两个图层。一个图层保存新补间，而它上面的另一个图层保存位于堆叠顺序顶部的未选择项目，位于堆叠顺序底部的非选定项目仍位于新插入图层下方的原图层上。

6.5 引导动画

1. 引导动画原理

引导动画也称之为引导层动画，是指动画对象沿着引导层中绘制的线条进行运动的动画。绘制的线条通常是不封闭的，以便于 Animate CC 系统找到线条的头和尾（动画开始位置及结束位置）从而进行运动。被引导层通常采用传统补间动画来实现运动效果，被引导层中的动画可与普通传统补间动画一样，设置除位置变化外的其他属性，如 Alpha 和大小等属性的变化。

2. 引导层的分类

引导层一般可分为普通引导层和运动引导层两种，它们的作用及产生的效果都有很大的不同。普通引导层在影片中起着辅助静态对象定位的作用，右击要作为引导层的图层，在弹出的快捷菜单中选择"引导层"命令，即可将该图层创建为普通引导层，在图层区域以图标 来表示，如图 6-36 所示。

图 6-36 普通引导层

在 Animate CC 动画中为对象建立曲线运动或使它沿着指定的路径运动是不能够直接完成的，需要借助运动引导层来实现。运动引导层可以根据需要与一个图层或任意多个图层相关联，这些被关联的图层称为被引导层。被引导层上任意对象将沿着运动引导层上的路径运动，创建的运动引导层在图层区域以图标 来表示，如图 6-37 所示。

创建引导层后，在"时间轴"面板的图层编辑区中被引导层的标签向内缩进，上方的引导层则没有缩进，非常形象地表现出了两者之间的关系。默认情况下，任何一个新创建的运动引导层都会自动放置在用来创建该引导层的普通图层的上方，移动该图层则所有同它相关联的图层都将随之移动，以保持它们之间的引导和被引导的关系。被引导层可以有多层，也就是允许多个对象沿着同一条引导线进行运动，一个引导层也允许有多条引导线，但一个引导层中的对象只能在一条引导线上运动。

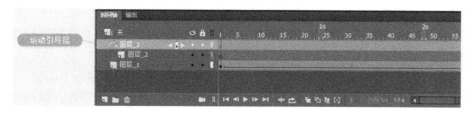

图 6-37 运动引导层

普通引导层和运动引导层之间可以相互转化。要将普通引导层转换为运动引导层，只需要给普通引导层添加一个被引导层即可，其方法是拖拽普通引导层上方的图层到普通引导层的下面。同样道理，如果要将运动引导层转换为普通引导层，只需要将与运动引导层相关联的所有被引导层拖拽到普通引导层的上方即可轻松转换。在实现普通引导层和运动引导层的相互转换时，需要拖拽图层直到普通引导层的图标变暗时再释放鼠标，这样才能成功转换。

3. 引导动画的"属性"面板

在引导动画的"属性"面板中可以对动画进行精确地调整，使被引导层中的对象和引导层中的路径保持一致。引导动画的"属性"面板如图 6-38 所示。"属性"面板中主要参数的含义分别介绍如下。

- "贴紧"复选框：选中该复选框，元件的中心点将会与运动路径对齐。
- "调整到路径"复选框：选中该复选框，对象的基线就会自动地调整到运动路径。
- "同步"复选框：选中该复选框，对象的动画将和主时间轴一致。
- "缩放"复选框：在制作缩放动画时，选中该复选框，对象将随着帧的变化而缩小或放大。

4. 引导动画的制作

下面通过制作一个飞机由远及近的飞行动画效果，来具体介绍引导动画的制作方法。

图 6-38　引导动画的
"属性"面板

【例 6-8】利用 Animate CC 2018 软件制作一个飞机沿着圆周飞行的动画效果。

1）启动 Animate CC 2018，新建一个文档，设置舞台背景色为天蓝色，其他属性保持默认值。

2）选择"文本工具"，打开"属性"面板，在"属性"面板中设置"系列"为 Webdings，字体大小为 110，文本颜色为红色。

3）在舞台上单击，然后按键盘上的字母〈J〉键。这时，舞台上会出现一个飞机的符号，在图层 1 的第 40 帧按〈F6〉键插入一个关键帧，将这个飞机符号拖拽到舞台上的右上角。

4）选择第 1 帧~第 40 帧之间的任意 1 帧，然后右击，在弹出的快捷菜单中选择"创建传统补间"命令，这样就定义了从第 1 帧~第 40 帧的传统补间动画。这时的动画效果是飞机直线飞行。

5）右击图层 1 右击，在弹出的快捷菜单中选择"添加传统运动引导层"命令，这样"图层 1"上面会出现一个引导层，并且"图层 1"自动缩进。

6）选择"椭圆工具"，设置笔触颜色为灰色，填充颜色为无，在舞台上绘制一个大圆。

7）选择"橡皮擦工具"，在选项菜单中选择一个小一些的橡皮擦形状，将舞台上的圆擦一个小缺口。

8）切换到选择工具，确认"贴紧至对象"按钮处于激活状态，选择第 1 帧上的飞机，拖动它到圆缺口左端点，注意在拖动过程中，当飞机快接近端点时，会自动吸附到端点。

9）按照同样的方法，选择第 40 帧上的飞机，拖动它到圆缺口右端点。

10）按〈Enter〉键，可以观察到飞机沿着圆周在飞行，但是飞机的飞行姿态不符合实际情况，还需要改进。

11）选择图层 1 的第 1 帧，在"属性"面板的"补间"选项组中选中"调整到路径"复选框。

12）按〈Ctrl+Enter〉组合键测试影片，可以观察到飞机以优美的姿态沿着圆周飞行。

6.6 旋转动画

旋转动画是一种有别于传统的引导动画和基于对象补间动画的一种特殊动画，如风车的旋转、汽车车轮的转动以及自行车车轮的转动等，都可以用旋转动画来实现。旋转有顺时针旋转和逆时针旋转两种，通过设置"属性"面板中的"旋转"选项可以很容易实现旋转效果，本节以一个实例来介绍旋转动画的制作。

【例 6-9】利用 Animate CC 2018 软件制作一个五角星旋转效果的旋转动画。

1）启动 Animate CC 2018，新建一个文档，设置舞台背景色为天蓝色，其他属性保持默认值。

2）选择工具箱中的"多角星形工具"，单击工具箱中的"对象绘制"按钮和"紧贴至对象"按钮，如图 6-39 所示。打开"属性"面板，如图 6-40 所示。单击"属性"面板中"工具设置"下的"选项"按钮，打开"工具设置"对话框，选择"样式"为星形，其他保持默认设置，如图 6-41 所示。

3）打开"属性"面板，笔触颜色和填充颜色均选择红色，选中第 1 帧，在舞台中绘制一个星形，如图 6-42 所示。

4）右击第 50 帧，在弹出的快捷菜单中选择"插入关键帧"；选中第 1 帧~第 50 帧中的任意一帧，然后右击，在弹出的快捷菜单中选择"传统补间动画"，完成后的效果如图 6-43 所示。

5）打开"属性"面板，在"属性"面板的"补间"选项组，选择"旋转"下拉菜单中的"顺时针"选项，如图 6-44 所示。

6）按〈Ctrl+Enter〉组合键测试影片，五角星旋转的动画效果如图 6-45 所示。

图 6-39 "工具"面板

图 6-40 "属性"面板（一）

图 6-41 "工具设置"对话框

图 6-42 绘制五角星

图 6-43 五角星动画效果

147

图 6-44　"属性"面板（二）

图 6-45　五角星旋转的动画效果

6.7　自定义缓动动画

自定义缓动动画与传统补间动画有很大不同。通过"属性"面板，利用"自定义缓动"命令可以准确地模拟对象运动速度等属性的各种变化，使其更能符合对象的运动特性。

定义传统补间动画后，在"属性"面板中单击"缓动"选项右下角的"编辑缓动"按钮，就可以进入"自定义缓动"对话框。本节通过制作一个简单的自定义缓动动画效果，具体介绍自定义缓动动画的制作方法。

【例 6-10】利用 Animate CC 2018 制作一个简单的自定义缓动动画效果。

1）启动 Animate CC 2018，新建一个文档，设置舞台背景色为天蓝色，其他属性保持默认值。

2）新建一个图形元件，在这个元件的编辑场景中，选择"文本工具"，打开"属性"面板，设置字体系列为"微软雅黑"，字体大小为 50 磅，颜色设置为红色，输入"机械工业出版社"文字。

3）返回场景 1，从"库"中将元件拖放至舞台的左上角。

4）在图层 1 的第 40 帧插入一个关键帧，并将此帧上的文字拖放到舞台的右下角。

5）右击第 1 帧，在弹出的快捷菜单中选择"创建传统补间"命令，定义一个传统补间动画。

6）测试影片，可以观察到文字从舞台左上角移动到右下角的动画效果。

7）选择第 1 帧，打开"属性"面板，如图 6-46 所示。

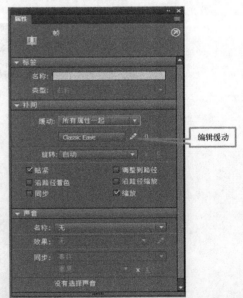

图 6-46　"属性"面板

8）单击"缓动"选项右下角的"编辑缓动"按钮![icon]，弹出"自定义缓动"对话框，如图 6-47 所示。

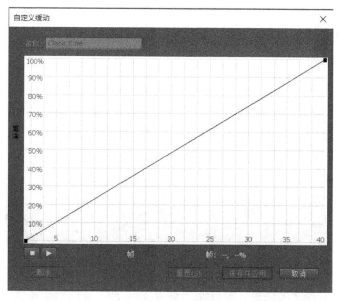

图 6-47　自定义缓动

9）在斜线上添加两个节点，并调整曲线，如图 6-48 所示。单击"自定义缓动"对话框左下角的"播放"按钮，可以看到舞台上的文字来回移动的动画效果，单击"停止"按钮，停止动画的播放。

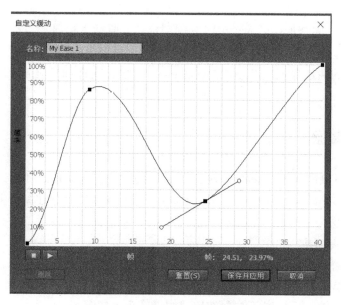

图 6-48　添加节点并进行调节

10）再增加几个节点，调整曲线，如图 6-49 所示，单击"确定"按钮，返回到编辑场景。按〈Ctrl+Enter〉组合键测试影片，可以看到文字忽近忽远的移动效果。

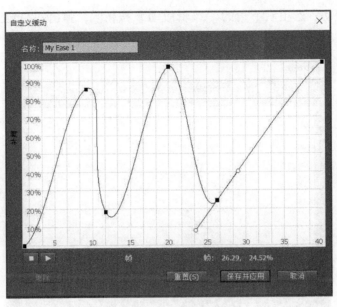

图 6-49　添加多个节点

11）如果不满意调整的结果，可以在"自定义缓动"对话框中单击"重置"按钮，恢复到原始的状况。

"自定义缓动"对话框用曲线表示动画随时间变化的规律。帧由水平轴表示，动画变化的速率（百分比）由垂直轴表示。第一个关键帧表示为 0%，最后一个关键帧表示为 100%，曲线水平时（无斜率），动画变化速率为零，曲线垂直时，变化速率最大，一瞬间完成变化。

"自定义缓动"对话框中的曲线可以复制和粘贴，具体方法是按〈Ctrl+C〉快捷键，复制当前"自定义缓动"对话框中的曲线，在另一个"自定义缓动"对话框中按〈Ctrl+V〉快捷键将已复制的曲线粘贴。在退出 Animate CC 2018 软件前，复制的曲线一直可用于粘贴。

6.8　摄像头动画

摄像头动画可以利用 Animate CC 2018 的摄像头工具 来实现。利用该工具可以控制摄像头的摆位，平移、放大、缩小以及旋转摄像头，指挥角色和对象在舞台上的运动。摄像头工具如图 6-50 所示。

1. 启用摄像头工具

单击"工具箱"面板中的"摄像头工具"按钮 （如打开软件时"工具箱"面板中未显示该工具，可单击"时间轴"面板下方的 按钮，此时，"工具箱"面板中会自动显示）或直接单击"时间轴"面板底部的 按钮启用摄像头，如图 6-51 所示。

2. 摄像头图层

摄像头工具启用后，将会在时间轴顶部添加一个摄像头图层 Camera，并变为活动状态，此时，舞台上会出现摄像头控制台，如图 6-52 所示。

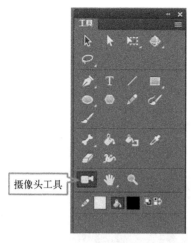

图 6-50　摄像头工具

图 6-51　添加摄像头

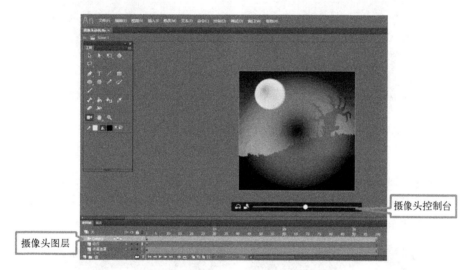

图 6-52　摄像头图层与摄像头控制台

摄像头图层的操作方式与普通图层操作有很大区别，与传统图层操作方式的区别主要表现在以下 5 个方面。

1）舞台的大小变成摄像头视角的框架。

2）只能有一个摄像头图层，始终位于所有图层的顶部。

3）无法重命名摄像头图层。

4）无法在摄像头图层中添加对象或绘制图形，但可以向图层添加补间动画，这样可以为摄像头运动和摄像头滤镜设置动画。

5）当摄像头图层处于活动状态时，无法移动或编辑其他图层中的对象，通过选取"选择工具"或单击时间轴底部的"删除摄像头"按钮 可禁用摄像头图层。

3. 旋转与缩放摄像头

摄像头工具启用后，舞台上会显示出摄像头控制台，显示的控制台有两种模式，一种用于旋转，另一种用于缩放，如图 6-53 所示。

旋转　缩放　　　　　滑动条

图 6-53　摄像头控制台

　　单击摄像头控制台中的"旋转"按钮，将滑动条中的滑块向右拖动，摄像头视图将会逆时针旋转，如图 6-54a 所示。释放鼠标后，滑块会回到中心，允许用户继续逆时针旋转视图。将滑动条中的滑块向左移动，摄像头视图会顺时针旋转，如图 6-54b 所示。

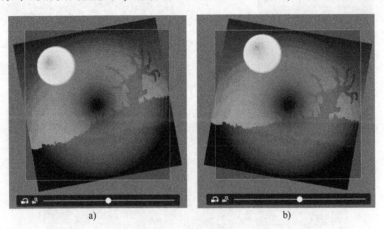

a)　　　　　　　　　　　　　　　b)

图 6-54　旋转摄像头
a）视图逆时针旋转　b）视图顺时针旋转

　　单击摄像头控制台中的"缩放"按钮，将滑动条中的滑块向右拖拽，摄像头视图会放大，如图 6-55a 所示。释放鼠标后，滑动条中的滑块会回到中心位置，允许用户继续放大视图。将滑动条中的滑块向左移动，摄像头视图会缩小，如图 6-55b 所示。

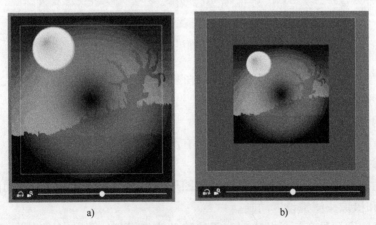

a)　　　　　　　　　　　　　　　b)

图 6-55　缩放摄像头
a）视图放大　b）视图缩小

　　此外，也可打开摄像头"属性"面板，在"摄像头属性"选项组中设置旋转与缩放的数值，如图 6-56 所示。

4. 移动摄像头

移动摄像头与旋转和缩放摄像头不同。要实现移动摄像头，需要将鼠标指针放在舞台上，将摄像头向左移动，此时，舞台上的对象会向右移动，如图 6-57a 所示。相反，将摄像头向右移动，则舞台上的对象会向左移动，如图 6-57b 所示。

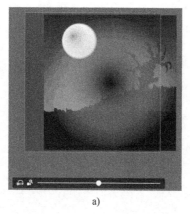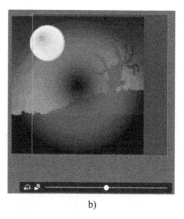

a)   b)

图 6-56　摄像头"属性"面板　　　　　　图 6-57　移动摄像头
　　　　　　　　　　　　　　　　　a）摄像头向左移动　b）摄像头向右移动

5. 设置摄像头色彩效果

在 Animate CC 2018 中，可以应用摄像头色彩效果来创建颜色色调或更改舞台上整个视图的对比度、饱和度、亮度或色调。

打开"属性"面板，单击"摄像头色彩效果"按钮 ，会弹出"摄像头色彩效果"选项组，选项组主要包括"应用调色至摄像头"按钮 （需要单击该按钮打开才可以设置数值）、"重置摄像头调色"按钮 、"应用颜色滤镜至摄像头"按钮 （需要单击该按钮打开才可以设置数值）、"重置摄像头颜色滤镜"按钮 以及着色色块。单击"应用调色至摄像头"按钮 ，可设置该选项中的色调，如"红""绿"和"蓝"等，单击"应用颜色滤镜至摄像头"按钮 ，可以设置该选项中的"亮度""对比度""饱和度"和"色相"等，单击"重置"按钮 即可返回初始属性，如图 6-58 所示。

6. 创建摄像头动画

摄像头动画与传统补间动画和补间形状动画有所不同，该动画是利用摄像头工具 来实现的。启用摄像头工具后，利用舞台上的摄像头控制台，可以旋转、缩放和移动摄像头，还可设置摄像头色彩效果。

【例 6-11】利用 Animate CC 2018 制作一个摄像头动画效果。

1）启动 Animate CC 2018，新建一个文档，设置舞台背景色为天蓝色，其他属性保持默认值。

2）选择"文件"→"导入"→"导入到库"命令，将一个图片文件导入到库中，如图 6-59 所示。

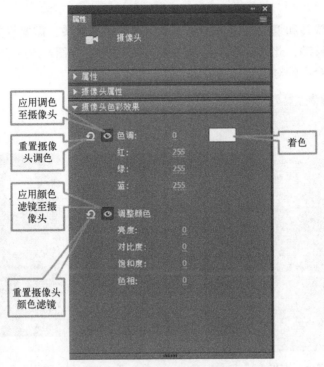

图 6-58　摄像头色彩效果选项

应用调色至摄像头

重置摄像头调色

应用颜色滤镜至摄像头

重置摄像头颜色滤镜

着色

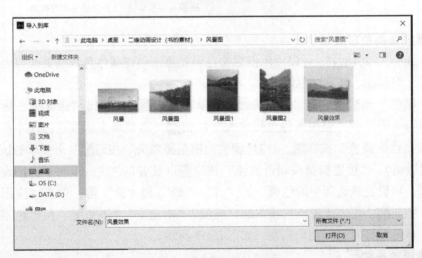

图 6-59　"导入到库"对话框

3) 打开"库"面板,将库中导入的图片拖放至舞台,选中舞台上的对象,选择"窗口"→"对齐"命令或按〈Ctrl+K〉组合键打开"对齐"面板,如图 6-60 所示。

4) 在"对齐"面板中,选中"与舞台对齐"复选框☑,单击"水平中齐"按钮和"垂直居中分布"按钮以及"匹配宽和高"按钮,将导入的图片与舞台对齐,如图 6-61 所示。

图 6-60　"对齐"面板

图 6-61　导入图片与舞台对齐

5）单击"工具箱"面板上的"摄像头"按钮▣，创建 Camera 图层，舞台上显示摄像头控制台，如图 6-62 所示。

图 6-62　使用摄像头

6）打开"属性"面板，在"摄像头属性"选项组中设置"缩放"数值为 150%，如图 6-63 所示。

7）选中 Camera 图层，右击第 1 帧，在弹出的快捷菜单中选择"创建补间动画"命令，创建第 24 帧的补间动画，如图 6-64 所示。

图 6-63　设置缩放

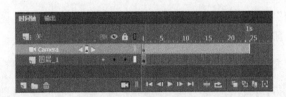

图 6-64　创建补间动画

8）选中图层 1，在第 50 帧位置处插入一个关键帧，选中 Camera 图层，拖动第 24 帧边线，拉长帧至第 50 帧，形成从第 24 帧到第 50 帧的补间动画，如图 6-65 所示。

图 6-65　插入关键帧与延长补间动画

9）选中 Camera 图层，将播放头移动到第 25 帧，将鼠标指针放在舞台上，按住〈Shift〉键向上垂直拖动摄像头以显示河边建筑物效果，如图 6-66 所示。

10）选中 Camera 图层，在图层上将播放头移动到第 30 帧，按住〈Shift〉键向右平行拖动摄像头，在第 35 帧处按〈F6〉键创建关键帧，将播放头移动到第 40 帧，单击舞台，打开摄像头的"属性"面板，在"摄像头属性"选项组中设置"缩放"为 100%，然后拖动摄像头使视图重新居中，如图 6-67 所示。

11）在 Camera 图层的第 45 帧上创建关键帧，打开摄像头的"属性"面板，在"摄像头颜色效果"选项组中单击"应用颜色滤镜至摄像头"按钮，设置"亮度"为 60，"对比度"为 45，"饱和度"为 70，"色相"为 10，如图 6-68 所示。

图 6-66　向上拖动摄像头

图 6-67　设置缩放

12）在 Camera 图层的第 50 帧上创建关键帧，打开摄像头的"属性"面板，在"摄像头颜色效果"选项组中单击"应用颜色滤镜至摄像头"按钮，设置"亮度"为 20，"对比度"为 30，"饱和度"为 60，"色相"为 5，如图 6-69 所示。

13）选择"文件"→"另存为"命令，打开"另存为"对话框，在"文件名"文本框中输入"摄像头动画效果"，然后单击"保存"按钮，如图 6-70 所示。

14）按〈Ctrl+Enter〉组合键测试动画效果，效果图如图 6-71 所示。

图 6-68　设置摄像头色彩效果　　　　图 6-69　设置色彩

图 6-70　保存文档

图 6-71　摄像头动画效果

6.9 思考与练习

1. 填空题

1）逐帧动画是一种常见的动画形式，是在时间轴的每个帧上逐帧地绘制出不同的画面，并使其_____，可以灵活表现丰富多变的动画效果。该动画技术是利用人眼的_____，可快速地播放连续的、具有细微差别的图像，使原来静止的图像运动起来。

2）传统补间动画又称为_____或_____等，该动画适用于设置图层中元件的各种属性，包括元件的_____、_____、_____和_____等，可为这些属性建立一个变化的运动关系。

3）在 Animate CC 2018 中，引导层动画需要_____图层，即绘制路径的图层以及在起始和结束位置应_____图层。引导层动画分为两种，一种是普通引导层，另一种是_____。

4）引导层一般可分为_____和_____两种。

2. 简答题

1）简述形状补间动画与传统补间动画的区别。

2）简述引导动画的原理。

6.10 上机操作——倒计时动画

利用 Animate CC 2018 软件制作一个倒计时效果的动画。

1）启动 Animate CC 2018，新建一个文档，设置舞台背景色为天蓝色，其他属性保持默认值，如图 6-72 所示。

图 6-72　新建文档

2）双击"图层1"，对图层1进行重命名，用文本工具输入"倒计时"。

3）新建一个"数字"图层，在这个图层上从第2帧~第11帧分别添加空白关键帧。

4）在"数字"图层，用文本工具分别在第1~11帧输入数字10、9、8、7、6、5、4、3、2、1、0，制作完成后的效果如图6-73所示。

图6-73 制作的倒计时逐帧动画

5）选择"文件"→"保存"命令，打开"另存为"对话框，将其以"倒计时动画"为"文件名"进行保存。

6）调整好每个帧上的数字，按〈Ctrl+Enter〉组合键测试影片，显示倒计时的动画效果，如图6-74所示。

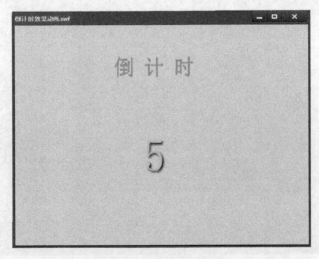

图6-74 倒计时动画效果

第7章　高级动画制作

在 Animate CC 2018 中，遮罩是动画设计与创作中不可或缺的技术之一，利用遮罩并结合补间动画可以制作出丰富多彩的动画效果。遮罩动画是高级动画中一个很重要的动画类型，如百叶窗效果、万花筒效果、手电筒效果、放大镜效果以及文字特效制作等，都需要用到遮罩动画。3D 动画是指利用"工具箱"面板中的 3D 旋转工具或 3D 平移工具，在三维空间中对二维对象进行处理，并结合补间动画来制作的 3D 动画效果。骨骼动画是高级动画中的一种动画类型，如动物的行走、奔跑、攻击等都可以用骨骼动画来实现。本章将介绍高级动画制作的知识，主要包括遮罩动画、3D 动画和骨骼动画。

7.1　遮罩动画

遮罩动画是 Animate CC 中很重要的一种动画类型，遮罩动画可以实现转场、过渡效果，还可以实现聚光特效、文字特效以及背景特效等多种效果。遮罩动画的原理是在舞台前增加一个类似于电影镜头的对象，这个对象可以是文字、图形对象等，制作完成后导出来的影片，只显示电影镜头拍摄出来的对象，其他未在电影镜头区域内的舞台对象不再显示。利用遮罩可以控制用户观看到的内容，如制作一个三角形遮罩，导出影片后用户只能看到三角形区域内的内容，其他内容则不会显示。

7.1.1　创建遮罩动画

在动画作品中，常常可以见到丰富多彩的动画效果，如电影文字特效、百叶窗和放大镜效果等，本小节通过具体的操作来讲解遮罩动画的创建。

【例 7-1】新建一个文档，创建一个电影文字效果。

1）启动 Animate CC 2018，新建一个文档。

2）在"新建文档"对话框中，设置"宽"为 550 像素，"高"为 400 像素，"帧频"为 24，"背景颜色"为默认的白色。

3）选择"文件"→"导入"→"导入到库"命令，打开"导入到库"对话框，在导入对话框中选择本书教学资源包中的第 7 章素材目录下的"彩色背景素材"，单击"打开"按钮将其导入到库。将库中的素材拖放至舞台，调整到合适的位置。

4）单击第 70 帧，在第 70 帧位置插入关键帧，右击第 1 帧，在弹出的快捷菜单中选择"创建传统补间"命令，在弹出的对话框中，单击"确定"按钮，即可完成"传统补间动画"创建。创建传统补间动画如图 7-1 所示。

5）在时间轴上单击左下角的"新建图层"按钮，新建一个图层 2，将图层 1 锁定，隐藏图层 1 内容，在图层 2 中完成"机械工业出版社"文本创建，如图 7-2 所示。

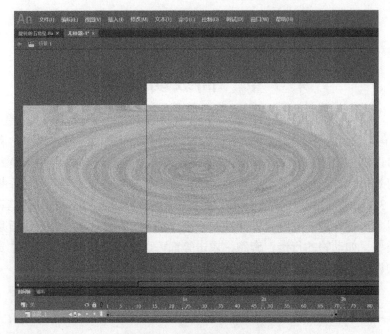

图 7-1 创建传统补间动画

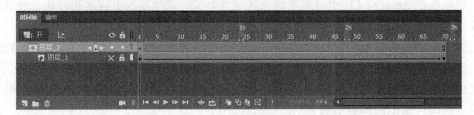

图 7-2 创建图层 2

6）右击图层 2，在弹出的快捷菜单中选择"遮罩层"命令，便可完成遮罩动画创建。按〈Ctrl+Enter〉组合键测试，便可得到遮罩动画效果，如图 7-3 所示。

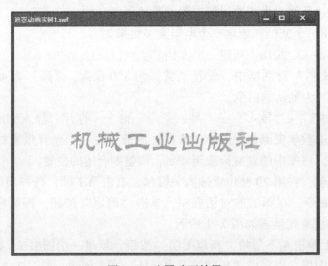

图 7-3 遮罩动画效果

7.1.2 电影镜头效果

镜头技术是动画设计与创作中常用的手段，一部动画片的制作，需要根据剧情将其分切成多个不同视距的场景镜头，如全景、中景、近景以及特写等，然后逐个编辑与组合，最后组接而成。根据剧情和艺术处理的要求，还可把每个不同视距的场景镜头分成固定位置及运动中改变视距的处理方法。推镜头可实现场景中的实例放大，场景变小，场景中的主要角色变大，用户看到的画面由远及近，由全景到局部。拉镜头可实现场景中的实例缩小，场景变大，场景中的主要角色变小，形成渐行渐远的视觉效果。

【例 7-2】利用 Animate CC 2018 软件制作一个电影镜头效果的遮罩动画。

1）启动 Animate CC 2018，新建一个文档，设置舞台背景色为天蓝色，其他属性保持默认值。

2）选择"文件"→"导入"→"导入到库"命令，导入一个外部图像（风景.jpg）到库。打开"导入到库"对话框，在其中选择需要导入的图像素材，单击"打开"按钮即可将图像素材导入到"库"面板中。

3）将导入到库的外部图像拖放至舞台，将其转换为影片剪辑元件，用任意变形工具将转换的图片实例压扁拉长，让其左端对齐舞台的左端。

4）在第 30 帧插入一个关键帧，定义第 1 帧~第 30 帧间的补间动画，并将第 30 帧上的图片向左移动，使图片的右端对齐舞台右端。

5）新建一个图层，在该图层上用矩形工具绘制一个矩形（无边框，任意色），该矩形的宽为舞台的宽，高与夜景图片的高一样。

6）右击图层 2，在弹出的快捷菜单中选择"遮罩层"命令，这样就定义了一个遮罩动画。图层 2 上是一个矩形的拍摄镜头对象，保持静止不动，图层 1 上是一个风景图片，一个从右向左的移动动画制作完成，如图 7-4 所示。

图 7-4　电影镜头遮罩动画

7）按〈Ctrl+Enter〉组合键测试影片，观看动画效果。可以看到一个从左向右拍摄风景的电影镜头效果，如图7-5所示。

图7-5　电影镜头效果

8）制作一个推镜头的效果。先将图层1解锁，将图层2隐藏，这样便于对图层1上的图片进行操作。

9）选择图层1的第31帧，插入一个关键帧；再选择图层1的第50帧，插入一个关键帧。定义第31帧~第50帧间的补间动画，将播放头移动到第50帧，选择第50帧上的图片，打开"变形"面板，设置宽和高同时放大到200%。选择图层2的第50帧，按〈F5〉键添加帧，如图7-6所示。

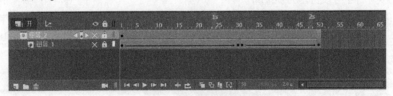

图7-6　图层结构

10）按〈Ctrl+Enter〉组合键测试影片，观看动画效果。可以看到电影镜头从左向右拍摄风景后，推镜头得到一个夜景的近景效果，如图7-7所示。

图7-7　推镜头效果

7.2　3D 动画

3D 动画是指利用"工具箱"面板中的 3D 旋转工具或 3D 平移工具，在三维空间中对二维对象进行处理，并结合补间动画来制作的 3D 动画效果。"工具箱"面板中的"3D 旋转工具"，如图 7-8 所示，利用该工具可实现影片剪辑元件的 3D 效果。

7.2.1　影片剪辑的 3D 变换

图 7-8　3D 旋转工具

在 Animate CC 2018 中，影片剪辑实例的 3D 变换主要是利用工具箱中的 3D 旋转工具或 3D 平移工具来实现实例在 3D 空间中的旋转或平移的。

1. 3D 旋转工具

利用 Animate CC 2018 中的 3D 旋转工具 ，可以在 3D 空间中对影片剪辑实例进行旋转，旋转之后获得与用户之间形成一定角度的效果。

选择"文件"→"导入"→"导入到舞台"命令，将一个外部图像导入到舞台，右击该图像，在弹出的快捷菜单中选择"转换为元件"命令，打开"转换为元件"对话框，如图 7-9 所示。在"类型"下拉列表中选择"影片剪辑"，单击"确定"按钮，如图 7-10 所示。

图 7-9　"转换为元件"对话框

图 7-10　转换为影片剪辑

选择"工具箱"面板中的"3D 旋转工具"，在实例的 X 轴左右拖动鼠标将能够使实例沿着 Y 轴旋转，在 Y 轴上下拖动鼠标将能够使实例沿着 X 轴旋转，如图 7-11 所示。

在完成实例的旋转后，如果需要进一步精确控制实例旋转，则打开"变形"面板进行设置，设置好参数后便可完成精准定位。选择"窗口"→"变形"命令，打开"变形"面板，如图 7-12 所示。

选择"变形"面板中的"倾斜"选项，在"3D 旋转"选项组中输入"X""Y""Z"的角度，可以对实例进行旋转，如图 7-13 所示。

图 7-11　拖动坐标轴旋转实例　　　　　　　图 7-12　"变形"面板

图 7-13　精确控制实例旋转

2. 3D 平移工具

在动画设计与创作中，3D 平移是指在 3D 空间中移动一个对象。利用工具箱中的 3D 平移工具可以在 3D 空间中移动影片剪辑元件的位置。选择"文件"→"导入"→"导入到舞台"命令，将一个外部图像导入到舞台，右击该图像，在弹出的快捷菜单中选中"转换为元件"命令，打开"转换为元件"对话框，在"类型"中选择"影片剪辑"，单击"确定"按钮。选择"工具箱"面板中的"3D 平移工具"，使用鼠标拖动 X 轴或 Y 轴的箭头，可实现实例在水平或垂直方向上移动，拖动 X 轴箭头移动实例，如图 7-14 所示。

选中舞台上的实例，实例的中间显示 X 轴为红色、Y 轴为绿色、Z 轴为黑色的圆点。上下拖动黑点可以在实现 Z 轴平移实例，向上拖拽将缩小实例，向下拖拽将放大实例。如果要对实例进行精确平移，可以在选择实例后，在"属性"面板的"3D 定位和视图"选项组中修改"X""Y""Z"的值，如图 7-15 所示。

图 7-14　实例平移后的效果

图 7-15　实例"属性"面板

7.2.2　透视角度和消失点

在动画场景设计与创作中，正确的透视关系是营造场景空间的基本前提。透视的概念是建立在人的眼睛是如何观看这个世界的基础之上的。例如，距离观察者越近的景物越大，相对远的景物则小，整齐排列的景物沿着一定的方向汇集到一点，近处景物之间的距离远，远处景物之间的距离近等。透视的类型主要有一点透视、两点透视、三点透视、曲线透视、散点透视、倾斜透视等多种。其中一点透视又称为平行透视，所有的透视线只集中于一个消失点，直立面呈垂直状态，正面与地平线平行，垂直线与地平线呈直角。

一点透视的画面比较稳定，在动画中经常出现，用一点透视法可以很好地表现出远近感，常用来表现笔直的街道、原野、大海等空旷的场景，此外，如果在室内场景中运用，则可营造出房间宽阔舒适的感觉。

两点透视又称为成角透视，主要是指观察者从一个倾摆的角度，而不是从正面的角度来观察目标物，因此，观察者看到各景物不同空间上的面块，也看到各面块消失在两个不同的消失点上，这两个消失点皆在水平线上。

三点透视是一种绘图方法，所有边线消失在三个消失点，有两个消失点在地平线上，另有一个消失点在地平线下方或上方，三点透视使物体空间感更强。

曲线透视主要是指曲线形体的透视。

散点透视是中国画的一种透视方法，观察点不是固定在一个地方，也不受视域的限制，而是根据需要，移动立足点进行观察，凡各个不同立足点上所看到的东西，都可组织进画面上来，也称移动视点，如中国山水画能够表现"咫尺千里"的辽阔境界的效果。

倾斜透视主要包含两个方面的含义，第一个方面的含义是指一个平面与水平地面呈一边高一边低的倾斜情况，这种倾斜在画面中变线消失于天点或地点的作图方法称为倾斜透视，如楼梯、斜坡以及瓦房的屋顶等；第二个方面的含义主要是指景物本身没有倾斜面，但由于景物特别高大，而观察它时距离又很近，必须仰视或俯视才能看到全景，如高层建筑物，在这种情况下原本直立的景物也产生了倾斜的视觉效果，这种作图方法也称为倾斜透视。

消失点也常被称为灭点，是指与透视画面不平行的线最终都会汇集到的点，这个点在透视中称作消失点。例如，铁轨向远处延伸，两轨间的距离会越来越近，最终会消失在一个点上，此点即为消失点，且消失点都是在视平线之上的。消失点在透视图的绘制中起着关键作用，消失点的数量不固定，可以是多个。

选择舞台上的3D实例，打开"属性"面板，在"3D定位和视图"选项组可以设置该实例的透视角度和消失点，如图7-16所示。

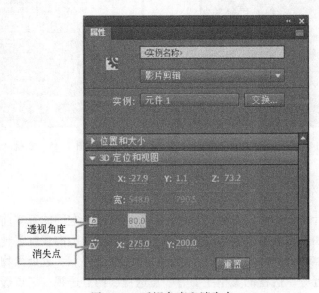

图 7-16　透视角度和消失点

7.3　骨骼动画

在 Animate CC 2018 中，骨骼是一种对对象进行动画处理的方式，这些骨骼按照父子关系连接成线性或枝状的骨架。骨骼工具可以用于创建较为复杂的动画，打开"工具箱"面板，利用工具箱中的骨骼工具可以向影片剪辑实例、图形元件实例以及按钮元件实例添加 IK（反向运动）骨骼。骨骼工具如图7-17所示。

通过将骨骼连接可以很容易形成动画。为了创建逼真的动画效果，可以约束骨架的旋转和平移来控制骨架的运动。创建骨骼时，第一个是父级骨骼，骨骼的头部为圆形端点，有一个圆圈围绕着头部，骨骼的尾部为尖形，有一个实心点，骨骼之间的连接点称为关节，骨骼构成骨架。根据需要创建好骨骼的父子关系，依次将各个对象连接起来，就可以完成整个骨架创建，如图7-18所示。

图 7-17　骨骼工具

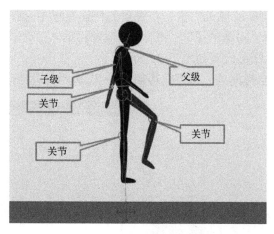

图 7-18　连接对象的骨架

7.3.1　认识骨骼动画

　　骨骼动画也可称之为反向运动（IK）动画，是一种利用骨骼的关节结构对一个对象或彼此相关的一组对象进行动画处理的方法。创建骨骼动画的对象分为两种，一种为元件实例对象，另一种为图形形状。使用骨骼后，元件实例或形状对象可以按照复杂而自然的方式移动，通过反向运动（IK）可以轻松地创建人物动画，如胳膊、腿和面部表情的自然运动。

7.3.2　创建骨骼动画

　　使用绑定工具可以调整形状对象的各个骨骼和控制点之间的关系。在默认情况下，形状控制点连接到离它们最近的骨骼。使用绑定工具可以编辑单个骨骼和形状控制点之间的连接，这样，就可以控制在每个骨骼移动时图形扭曲的方式，以获得更满意的结果。

　　选择工具箱中的"椭圆工具"，单击工具箱下方的"对象绘制"按钮和"贴紧至对象"按钮，在舞台上绘制一个图像，如图 7-19 所示。

图 7-19　绘制图形

　　绘制完成后，右击该图形，在弹出的快捷菜单中选择"转换为元件"命令，打开"转换为元件"对话框。在该对话框的"类型"中选择"影片剪辑"，即可将该图形元件转换为影片剪辑元件。转换完成后，选择"工具箱"面板中的"骨骼工具"，选中舞台上的对象，按住鼠标左键，从左向右拖拽，重复此操作多次，便可得到如图 7-20 所示的效果图。

图 7-20　使用骨骼工具

在骨架-13 图层中的第 14 帧处右击,在弹出的快捷菜单中选择"插入姿势"命令,按住鼠标左键向上拖拽舞台上对象的尾部,在第 25 帧处再插入一个姿势,将舞台上的对象的尾部向下拖拽。骨架-13 图层设置如图 7-21 所示。

按〈Ctrl+Enter〉组合键测试,即可获得如图 7-22 所示的骨骼动画效果。

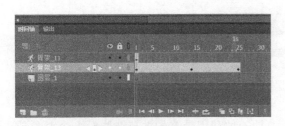

图 7-21 骨架-13 图层设置

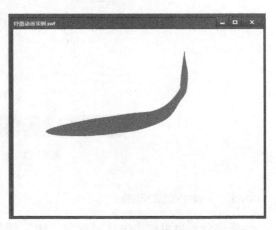

图 7-22 骨骼动画效果

7.3.3 设置骨骼动画属性

在为对象添加了骨骼后,还可以对骨骼的属性进行设置,使创建出的骨骼动画效果更加逼真,符合自然的运动情况。选中骨架-13 图层上的关键帧,打开"属性"面板,在该"属性"面板中可以设置缓动效果,如图 7-23 所示。

7.4 思考与练习

图 7-23 缓动设置

1. 填空题

1)遮罩动画是 Animate CC 中很重要的一种动画类型,遮罩动画可以_____,还可以实现_____、_____、_____等多种效果。

2)3D 动画是指利用"工具箱"面板中的_____、_____,在三维空间中对二维对象进行处理,并结合补间动画来制作的_____。

3)骨骼动画也可称之_____,是一种利用骨骼的关节结构对一个对象或彼此相关的一组对象进行动画处理的方法。创建骨骼动画的对象分为两种,一种为_____,另一种为_____。使用骨骼后,元件实例或形状对象可以按照复杂而自然的方式移动,通过_____可以轻松地创建人物动画,如胳膊、腿和面部表情的自然运动。

2. 简答题

1)简述创建遮罩动画的步骤。

2)简述创建骨骼动画的步骤。

170

7.5 上机操作

7.5.1 电影文字效果动画

利用 Animate CC 2018 软件制作一个电影文字动画效果。

主要操作步骤指导：

1）启动 Animate CC 2018，新建一个文档，属性设置保持默认值，如图 7-24 所示。

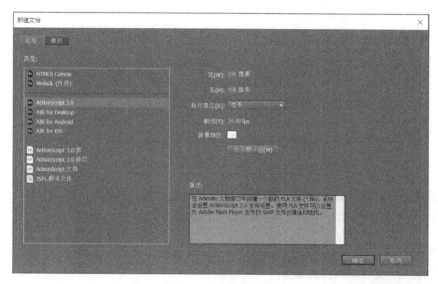

图 7-24 新建文档

2）选择"文件"→"导入"→"导入到库"命令，导入电影文字背景图片，如图 7-25 所示。

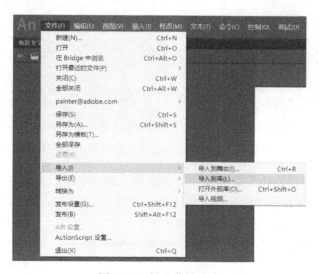

图 7-25 导入背景图片

3）选择"导入到库"命令，弹出"导入到库"对话框，如图7-26所示。

图7-26　"导入到库"对话框

4）选择"电影文字背景图片"，单击"导入到库"对话框的"打开"按钮，可导入图片。导入图片后，打开"库"面板，此时，可以预览导入到库中的图片，如图7-27所示。

5）将导入到库中的图片拖放至舞台，调整好位置，如图7-28所示。

图7-27　"库"面板

图7-28　背景图片

6）在图层1的第1帧插入关键帧，单击图层1的第1帧，选择"工具箱"面板中的"任意变形工具"，调整好图片位置和大小，如图7-29所示。

7）在图层1的第60帧插入关键帧，单击图层1的第60帧，选择"工具箱"面板中的"任意变形工具"，调整好图片位置和大小，如图7-30所示。

8）右击图层1的第1帧，在弹出的快捷菜单中选择"创建传统补间"选项，此时，会弹出"将所选的内容转换为元件以进行补间"信息提示，如图7-31所示。

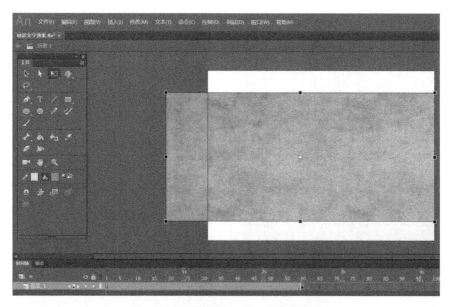

图 7-29　调整图层 1 第 1 帧图片效果

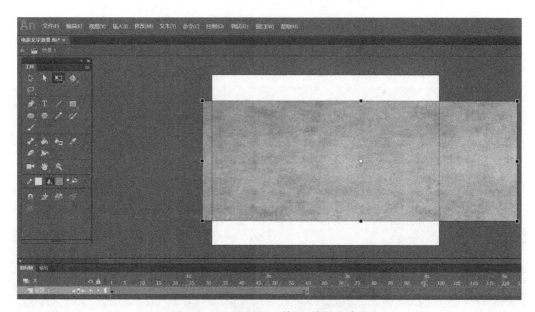

图 7-30　调整图层 1 第 60 帧图片效果

图 7-31　"将所选的内容转换为元件以进行补间"信息提示

9）单击"将所选的内容转换为元件以进行补间"信息提示中的"确定"按钮，即可完成传统补间动画创作，如图 7-32 所示。

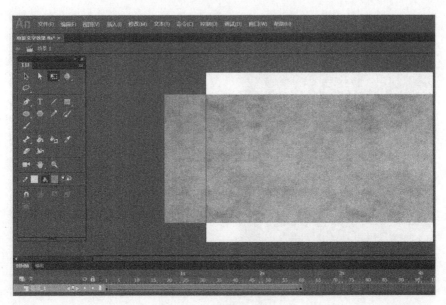

图 7-32　创建传统补间

10）插入新图层。选择工具箱中的"文本工具"，打开"属性"面板，设置字体为华文琥珀，字体大小为 60 磅，字体颜色设置为#990000，在舞台上输入文本"电影文字效果"，如图 7-33 所示。

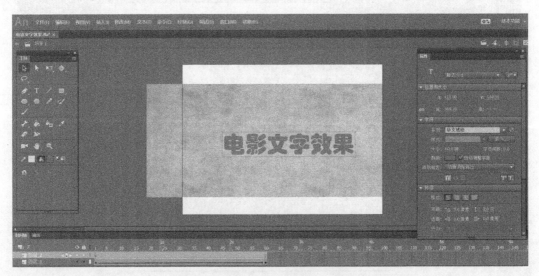

图 7-33　输入文本并设置文本属性

11）右击图层 2，在弹出的快捷菜单中选择"属性"选项，如图 7-34 所示。

12）选择"属性"命令后，会弹出图层"属性"面板，如图 7-35 所示。

13）设置图层"属性"面板中的"类型"选项为遮罩层，单击"确定"按钮，即可完成图层 2 的属性设置。按照上述操作设置图层 1 为被遮罩层，设置完成后的效果如图 7-36 所示。

14）按〈Ctrl+Enter〉组合键测试影片，显示"电影文字效果"动画，如图 7-37 所示。

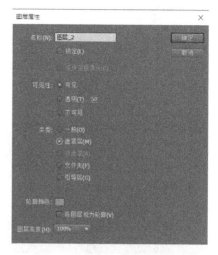

图 7-34　打开图层 2 的"属性"面板　　　　图 7-35　图层"属性"面板

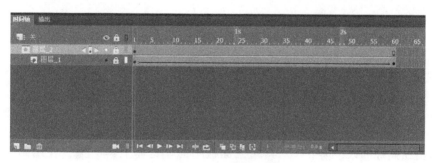

图 7-36　设置图层属性

电影文字效果

图 7-37　电影文字效果

7.5.2　人行走骨骼动画

利用 Animate CC 2018 软件制作一个人行走的骨骼动画效果。

主要操作步骤指导：

1）启动 Animate CC 2018，新建一个文档，属性设置保持默认值，如图 7-38 所示。

2）选择"插入"→"新建元件"命令，打开"创建新元件"对话框，"名称"为 head，"类型"选择"影片剪辑"，如图 7-39 所示。

3）选中"工具箱"面板中的"椭圆工具"，设置笔触和填充颜色为黑色，绘制一个人的头部效果的影片剪辑元件，如图 7-40 所示。

4）按照相同方法创建新的影片剪辑元件，分别绘制颈部、手、身体腿部以及脚等部位，绘制完成后可打开"库"面板进行查看，如图 7-41 所示。

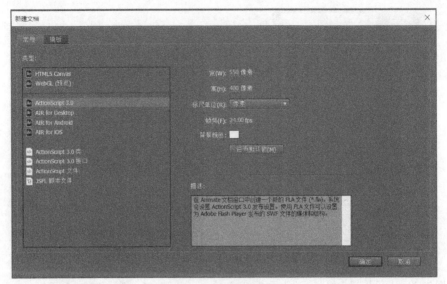

图 7-38　新建文档

图 7-39　"创建新元件"对话框

图 7-40　绘制头部

5）双击绘制好的人，选中"工具箱"面板中的"骨骼工具" ，在绘制好的人的关键部位添加骨骼，如图 7-42 所示。此时，会自动生成骨骼图层，将图层的名称命名为 ik_man，如图 7-43 所示。

图 7-41　"库"面板中的元件

图 7-42　第 1 帧添加骨骼效果

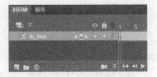

图 7-43　创建骨骼图层

6）在 ik_man 图层选中第 10 帧，选择"工具箱"面板中的"骨骼工具"，为人的关键部位添加骨骼后，如图 7-44 所示。

7）在 ik_man 图层选中第 20 帧，选择"工具箱"面板中的"骨骼工具"，为人的关键部位添加骨骼后，如图 7-45 所示。

图 7-44　第 10 帧添加骨骼效果

图 7-45　第 20 帧添加骨骼效果

8）在 ik_man 图层选中第 30 帧，选择"工具箱"面板中的"骨骼工具"，为人的关键部位添加骨骼后，如图 7-46 所示。

9）在 ik_man 图层选中第 40 帧，选择"工具箱"面板中的"骨骼工具"，为人的关键部位添加骨骼后，如图 7-47 所示。

10）按〈Ctrl+Enter〉组合键测试影片，显示人行走的骨骼动画效果，如图 7-48 所示。

图 7-46　第 30 帧添加骨骼效果

图 7-47　第 40 帧添加骨骼效果

图 7-48　人行走效果

第 8 章　导入和处理多媒体对象

在 Animate CC 2018 中，用户可以根据实际需要导入图像素材、声音素材以及视频素材，导入完成后可在库中调出并放置在舞台上，对导入的对象可进行编辑处理。本章将介绍导入和处理多媒体对象的知识，主要包括图像素材的导入和编辑、声音素材的导入及编辑及视频素材的导入与导出。

8.1　图像素材的导入和编辑

图像文件可以分为位图和矢量图两大类。位图图像也称点阵图像，是由许多单独的小方块组成的，这些小方块称为像素点；矢量图也称向量图，是一种基于图形的几何特性来描述的图像。Animate 影片是由一个个画面组成的，而每个画面又是由一张张图片构成的，导入到库中的图片，可以从库中调出放置到舞台中进行编辑修改，处理后的图片再保存。

8.1.1　图像素材的格式

在 Animate CC 2018 中，用户根据需要可以导入图像素材，图像素材的格式主要有 JPG、WMF、GIF、BMP 和 PNG 等，见表 8-1。

表 8-1　Animate CC 2018 中可导入的图像格式

文 件 类 型	扩 展 名
Adobe Illustrator	. ai
JPEG	. jpg
GIF	. gif
TIFF	. tif
BMP	. bmp
PICT	. pct
PNG	. png
Quick Time 图像	. qtif
Adobe Photoshop	. psd
Flash Player	. swf
Auto CAD DXF	. dxf
Macpaint	. pntg

8.1.2 导入图像素材

在 Animate CC 2018 中，要将图像素材导入到库，可以选择"文件"→"导入"→"导入到库"命令，如图 8-1 所示。

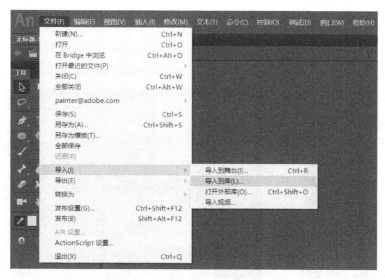

图 8-1　选择"导入到库"选项

选择"导入到库"命令后，会弹出"导入到库"对话框，单击鼠标左键选中风景图图片，单击"打开"按钮，即可实现图片素材的导入。如图 8-2 所示。

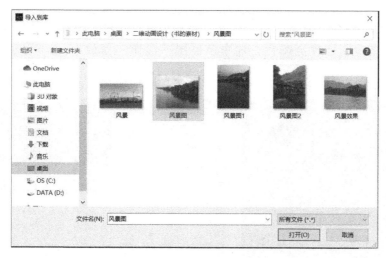

图 8-2　"导入到库"对话

8.1.3 设置导入位图属性

在完成位图素材的导入后，打开"库"面板，可以编辑导入位图的属性。右击库中的位图素材，在打开的快捷菜单中选择"属性"选项，如图 8-3 所示。

选中"属性"选项后,会弹出"位图属性"对话框,该对话框中会显示位图素材的图像名称和位图格式等信息。选中对话框中的"允许平滑"复选框,可用消除锯齿功能平滑位图的边缘,所有选项设置完成后,单击"确定"按钮即可,如图8-4所示。

图8-3 选择"属性"选项

图8-4 "位图属性"对话框

8.1.4 交换位图

"交换位图"命令可以将当前位图素材替换为其他位图。选择"库"面板中的位图素材,将库中的位图拖放至舞台,选中该位图,选择"修改"→"交换位图"命令,如图8-5所示。

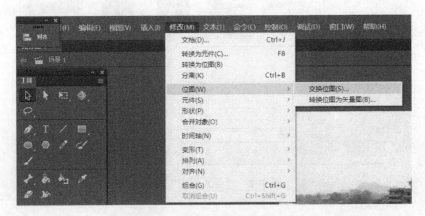

图8-5 选择"交换位图"选项

选择"交换位图"命令后,会弹出"交换位图"对话框,单击对话框中的"浏览"按钮,选中要替换的位图素材即可实现位图素材的替换,如图8-6所示。

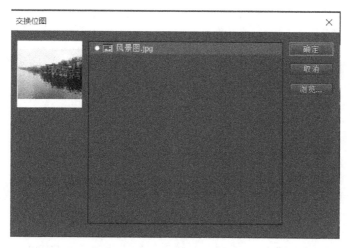

图 8-6 "交换位图" 对话框

8.1.5 分离位图

分离位图是指将位图图像中的像素点分散到离散的区域中。单击需要分离的位图，选择"修改"→"分离"命令，如图 8-7 所示。

选择"分离"命令后，舞台上的位图图像会被均匀地蒙上一层细小的白点，效果如图 8-8 所示。

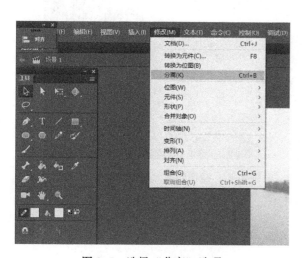

图 8-7 选择"分离"选项

图 8-8 分离位图

8.1.6 将位图转换为矢量图

在动画的设计过程中，有时导入的位图素材是一张比较小图片，当对该图片进行放大后会产生明显的失真，但将该位图图片转换为矢量图后便可解决由于图片放大而产生的失真问题。选中导入到舞台上的位图图像，选择"修改"→"位图"→"转换位图为矢量图"命令，如图 8-9 所示。

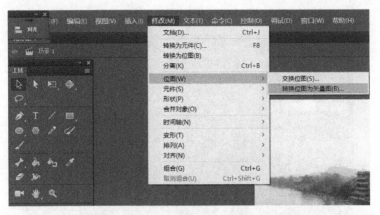

图 8-9　选择"转换位图为矢量图"选项

选择"转换位图为矢量图"命令后，会弹出"转换位图为矢量图"对话框，如图 8-10 所示。

在"转换位图为矢量图"对话框中，可对"颜色阈值""最小区域""角阈值"和"曲线拟合"选项进行设置，设置完成后单击"确定"按钮，即可将位图转换为矢量图，如图 8-11 所示。

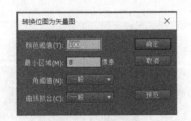

图 8-10　"转换位图为
矢量图"对话框

图 8-11　位图转换为矢量图效果

8.2　声音素材的导入和编辑

声音在动画中起着重要的衬托作用，是 Animate 动画的重要组成部分之一，直接关系到动画的表现力和效果。Animate CC 2018 可以支持多种声音的导入，可以使声音独立于时间轴连续播放。

8.2.1　声音的音频与类型

在动画设计中，恰当地使用声音是十分必要的，优美动感的背景音乐以及适当的旁白可以表达出深层的内涵，使其意境表现得更加充分。在 Animate CC 2018 中有两种类型的声音，分别为事件声音和音频流。事件声音需要完全下载后才能开始播放，除非是明确停止，否则将连续播放。音频流是在前几帧下载了足够的数据后就可以开始播放，音频流要与时间轴同步以便在 Animate 动画中进行播放。

8.2.2　导入音频文件

在 Animate CC 2018 中，可以导入 MP3 和 WAV 以及 AIFF 等格式的声音素材。可以选择"文件"→"导入"→"导入到库"命令，打开"导入到库"对话框，如图 8-12 所示。

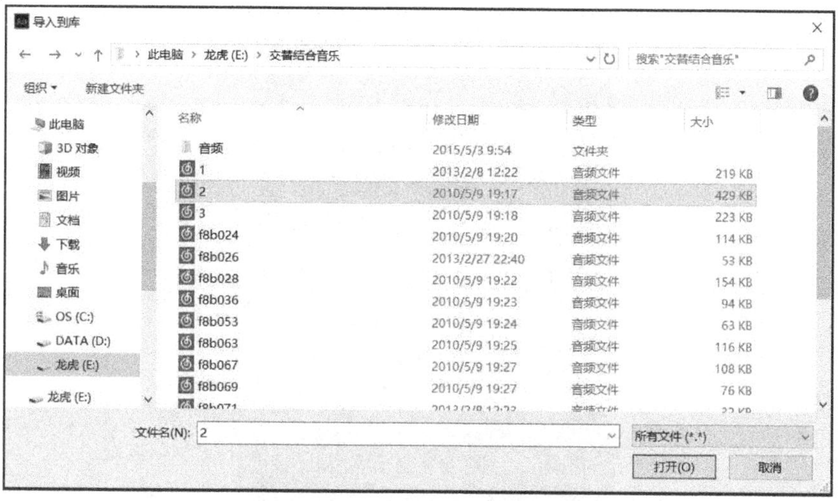

图 8-12　"导入到库"对话框

单击"导入到库"对话框中的"打开"按钮，即可完成音频文件的导入。打开"库"面板，此时，库中会显示导入的音频文件，如图 8-13 所示。

图 8-13　"库"面板

8.2.3 添加声音

选择时间轴上图层 2 的第 1 帧，打开"属性"面板，单击"声音"选项组中"名称"的级联按钮，在下拉菜单中选择导入到库中音频文件，如图 8-14 所示。

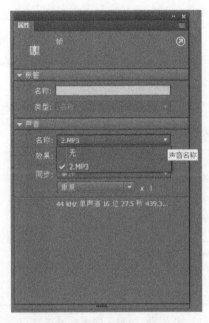

图 8-14 "属性"面板

在"属性"面板中添加音频后，"时间轴"面板中的图层 2 上出现了声音的波形，表明添加声音完成，如图 8-15 所示。

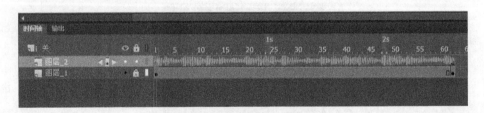

图 8-15 "时间轴"面板

8.2.4 声音选项设置

声音选项设置主要有声音效果选项设置、声音同步选项设置和声音重复选项设置等。声音效果设置主要有 8 个选项，分别为"无""左声道""右声道"和"向右淡出""向左淡出""淡入""淡出"以及"自定义"，如图 8-16a 所示。声音同步设置主要有 4 个选项，分别为"事件""开始""停止"和"数据流"，如图 8-16b 所示。声音重复设置主要有两个选项，分别为"重复"和"循环"，如图 8-16c 所示。

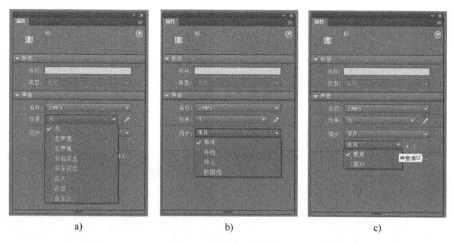

a)   b)   c)

图 8-16 声音选项设置

a）声音效果选项　b）声音同步选项　c）声音重复选项

8.2.5 编辑声音

在 Animate CC 2018 中，可以定义声音的起始点，也可以在播放时控制声音的音量。打开声音"属性"面板，单击"效果"右侧的"编辑声音封套"按钮，打开"编辑封套"对话框，如图 8-17 所示。

拖动对话框中的开始播放和停止播放控件，可以改变声音的起点和终点；拖动封套控制柄可更改声音封套。封套线显示了声音播放时的音量，单击封套线可以创建其他封套控制柄。若要删除封套控制柄，将其拖出窗口即可，如图 8-18 所示。

图 8-17 声音"属性"面板

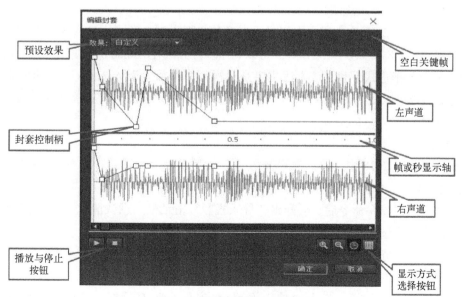

图 8-18 "编辑封套"对话框

8.2.6　声音属性设置

在"库"面板中，选择导入的音频然后右击，在弹出的快捷菜单中选择"属性"命令，如图8-19所示。弹出"声音"属性对话框，该对话框中会显示音频文件的名称和文件格式等信息，如图8-20所示。

图8-19　"库"面板

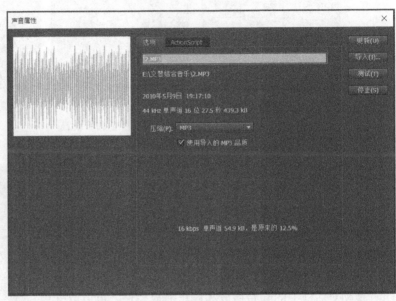

图8-20　"声音属性"对话框

8.3　视频素材的导入与导出

在Animate CC 2018中，除了可以导入图像和音频素材，还可以导入视频素材，主要支持的格式有FLV、F4V以及MPEG等。可以利用多种方法在Animate中使用视频，例如，可以从Web服务器渐进式下载，该方法主要是让视频文件独立于Animate文件和生成的SWF文件；此外，也可以使用Adobe Media Server流式加载视频，还可以直接在Animate文件中嵌入视频数据。

1. 导入视频

在Animate CC 2018中，导入视频操作是一个基本操作，选择"文件"→"导入"→"导入视频"命令，如图8-21所示。

选择"导入视频"命令后，会弹出"导入视频"对话框，默认情况下，"使用播放组件加载外部视频"为选中状态，如图8-22所示。

单击"浏览"按钮后，弹出"导入"对话框，选中要导入的视频文件，如图8-23所示。单击"导入"对话框中的"打开"按钮，返回"导入视频"对话框，如图8-24所示。

单击"下一步"按钮，进入"导入视频-设定外观"对话框。可以在"外观"下拉菜单中选择播放条样式,单击"颜色"按钮,可以选择播放条样式颜色,如图8-25所示。

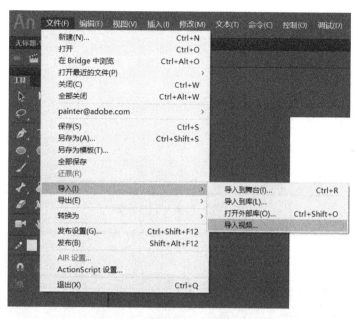

图8-21 选择"导入视频"选项

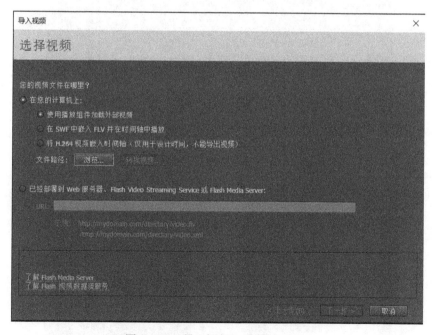

图8-22 "导入视频"对话框(一)

单击"下一步"按钮,打开"导入视频-完成视频导入"对话框,该对话框中显示的是导入视频的信息,如图8-26所示。

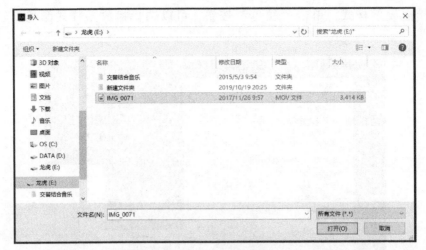

图 8-23 "导入"对话框

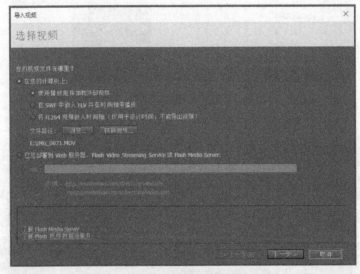

图 8-24 "导入视频"对话框（二）

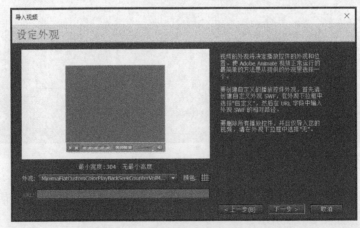

图 8-25 "导入视频-设定外观"对话框

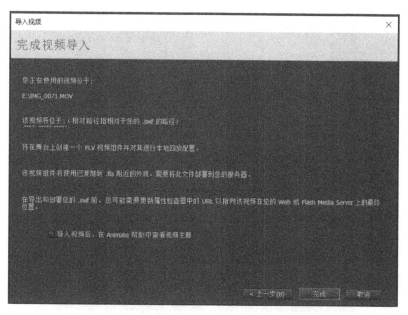

图 8-26 "导入视频-完成视频导入"对话框

单击"完成"按钮，此时，舞台上会显示出导入视频后的效果，如图 8-27 所示。

图 8-27 导入视频的效果

2. 导出视频

在 Animate CC 2018 中，可以导出两种视频文件，分别为 Quick Time(＊. mov)影片和 Windows AVI(＊. avi)影片。选择"文件"→"导出"→"导出视频"命令，如图 8-28 所示；弹出"导出视频"对话框，该对话框中显示了"渲染大小"等信息，如图 8-29 所示。单击"导出视频"对话框中的"导出"按钮，即可完成导出视频操作。

图 8-28 选择"导出视频"选项

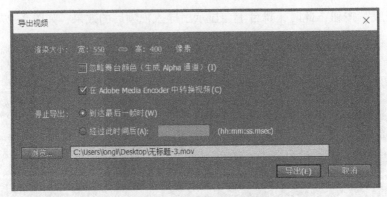

图 8-29 "导出视频"对话框

8.4 思考与练习

1. 填空题

1) 图像文件可以分为_____和_____两大类,位图图像也称_____,是由许多单独的小方块组成的,这些小方块称为_____,矢量图也称_____,是一种基于图形的几何特性来描述的图像。

2) 在 Animate CC 2018 中,用户根据需要可以导入图像素材,图像素材的格式主要有_____、_____、_____、_____和_____。

3) 在 Animate CC 2018 中,除了可以导入图像和音频素材,还可以导入_____,主要支持的格式有_____和_____以及_____视频。

2. 简答题

1) 简述位图与矢量图的区别。

2) 简述导入音频文件的操作步骤。

3) 简述导入视频文件的操作步骤。

8.5 上机操作

8.5.1 按钮声音效果

在 Animate CC 2018 中，为按钮添加声音效果。

主要操作步骤指导：

1) 启动 Animate CC 2018，新建一个文档，属性设置保持默认值，如图 8-30 所示。

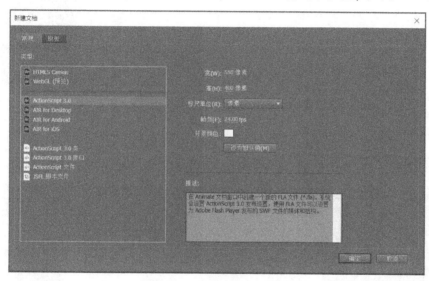

图 8-30 "新建文档"对话框

2) 选择"插入"→"新建元件"命令，打开创建"新元件"对话框，将"名称"命名为"按钮声效"，"类型"选择"按钮"，如图 8-31 所示。

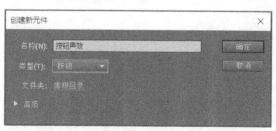

图 8-31 创建"按钮声效"按钮元件

3) 单击"确定"按钮，进入编辑页面，绘制一个按钮元件，如图 8-32 所示。

图 8-32 按钮元件

4) 选择"文件"→"导入"→"导入到库"命令，打开"导入到库"对话框，选择"按钮声效"音频文件，单击"打开"按钮，即可完成音频文件的导入，如图 8-33 所示。

5）打开"库"面板，选择"按钮声效"元件，单击"库"面板预览窗口中的"播放"按钮，可进行音频文件的播放测试，如图8-34所示。

图8-33 "导入到库"对话框   图8-34 "库"面板

6）打开按钮元件编辑页面，单击"新建图层"按钮，新建3个图层，分别命名为"矩形""文字"和"声效"，如图8-35所示。

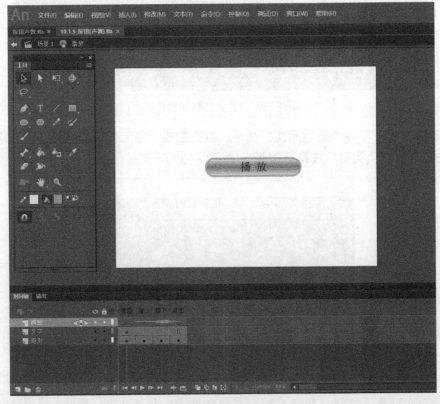

图8-35 创建图层

7）单击"声效"图层的"指..."，打开"属性"面板，单击其中"声音"选项组中的"名称"级联按钮，弹出导入的音频文件，选中该音频，即可完成按钮声音的添加，如图 8-36 所示。

图 8-36　在"属性"面板中选择"按钮声效"

8）按钮添加声效后，"时间轴"面板如图 8-37 所示。

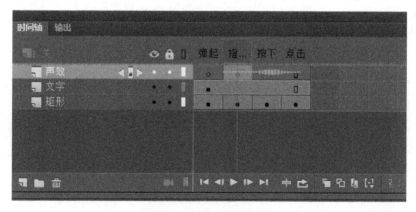

图 8-37　添加按钮声效

9）按钮声效添加完成后，打开"库"面板，选中"按钮元件"，按住鼠标左键将该按钮元件拖放至舞台，如图 8-38 所示。

10）按〈Ctrl+Enter〉组合键测试影片，单击该按钮，按钮声音效果播放，如图 8-39 所示。

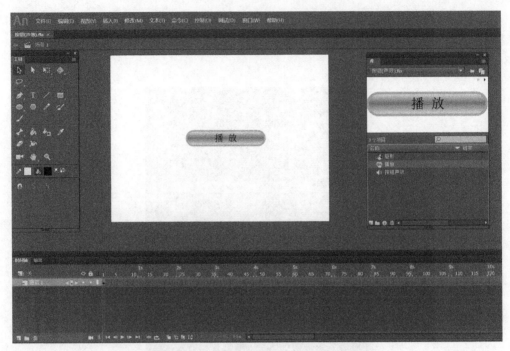

图 8-38　将库中的按钮（元件）拖放至舞台

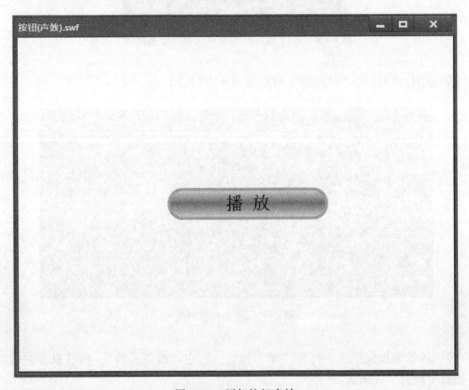

图 8-39　添加按钮声效

8.5.2 嵌入视频效果

在 Animate CC 2018 中，嵌入一个视频效果。

主要操作步骤指导：

1）启动 Animate CC 2018，新建一个文档，背景颜色设置为灰色，其他属性设置保持默认值，如图 8-40 所示。

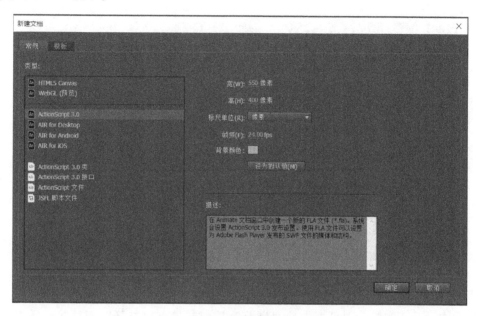

图 8-40　新建文档

2）选择"文件"→"导入"→"导入视频"命令，如图 8-41 所示。

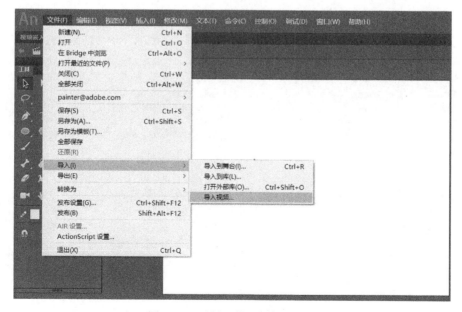

图 8-41　选择"导入视频"选项

3）选择"导入视频"命令后，弹出"导入视频"对话框，默认情况下，"使用播放组件加载外部视频"为选中状态，如图 8-42 所示。

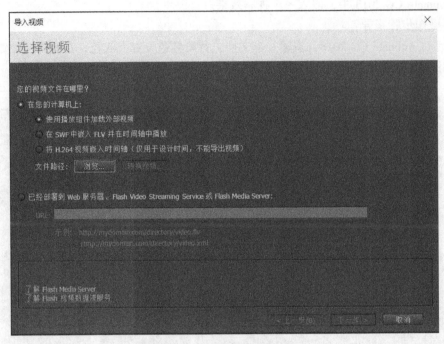

图 8-42 "导入视频"对话框

4）单击"导入视频"对话框中的"浏览"按钮，弹出"打开"对话框。选中要导入的视频文件"IMG-0092.MOV"，如图 8-43 所示。

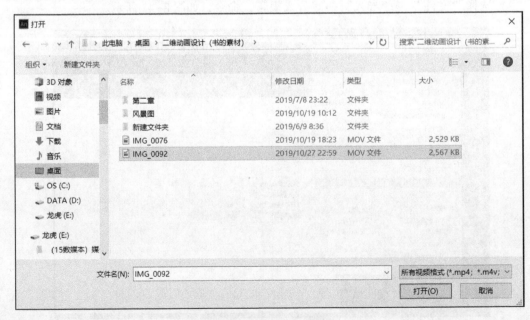

图 8-43 "打开"对话框

5）单击"打开"按钮，即可完成视频的导入。此时，文件路径下方会显示视频文件素材的位置，如图 8-44 所示。

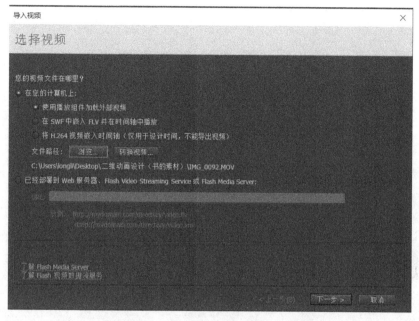

图 8-44 "导入视频-选择视频"对话框

6）单击"下一步"按钮，进入"导入视频-设定外观"对话框，可以在"外观"下拉菜单中选择播放条样式；单击"颜色"按钮，可以选择播放条的颜色，如图 8-45 所示。

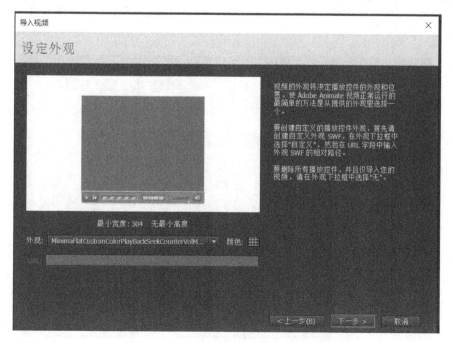

图 8-45 "导入视频-设定外观"对话框

7）单击"下一步"按钮，打开"导入视频-完成视频导入"对话框，该对话框中显示的是导入视频的信息，如图8-46所示。

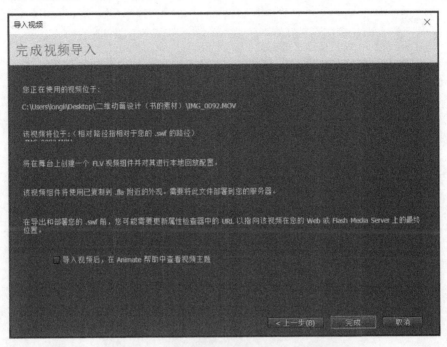

图8-46 "导入视频-完成视频导入"对话框

8）单击"完成"按钮后，舞台上会显示出导入视频后的效果。选中要嵌入到舞台的视频素材，调整好视频窗口大小。按〈Ctrl+Enter〉组合键测试影片，即可预览嵌入的视频效果，如图8-47所示。

图8-47 嵌入视频效果

第9章 ActionScript 3.0 脚本基础应用

ActionScript 是 Animate CC 2018 的动作脚本语言。动作脚本就是在动画运行过程中起到控制和计算作用的程序代码，在动画中添加交互性动作，可在 Animate、FLEX 和 AIR 内容及应用程序中实现交互。本章将介绍 ActionScript 3.0 脚本基础应用的知识，主要包括 ActionScript 3.0 脚本基础、ActionScript 的首选参数设置、动作面板、变量和常量、数据类型与运算、运算符、流程控制、函数、基本语法、事件、面向对象的编程概念、包和命名空间、属性和方法及类。

9.1 ActionScript 3.0 脚本基础

ActionScript 3.0 是一种面向对象的编程语言，其内容丰富、功能齐全，拥有大型数据集和面向对象的可重用的代码库，使用其编写脚本代码十分方便快捷。ActionScript 3.0 使用新型的虚拟机 AVM2，代码执行速度比早期的版本代码快 10 倍。利用动作脚本可以实现交互式的动画，如用键盘和鼠标可以跳到动画中的不同部分，可以移动动画中的对象，此外，还可以在表单中输入信息等。ActionScript 3.0 可以应用于高级的程序开发中，制作游戏以及网络应用程序等。该脚本语言提供了可靠的编程模型，并对早期 ActionScript 的重要功能进行了改进。其主要改进包括：将 AVMI 虚拟机升为 AVM2 虚拟机，并且使用全新的字节代码指令集，使其性能显著提高；采用更为先进的编译器代码库，更加严格地遵循 ECMA Script（ECMA263）标准，与早期编译器版本相比，可执行更深入的优化；扩展并改进了应用程序编程接口，拥有对对象的低级控制和真正意义上的面向对象的模型；基丁 ECMA Script for XML（E4X）规范的 XML APL；添加了基于文档对象模型（DOM）第三级事件规范的事件模型。

通过 ActionScript 3.0 编写代码，用户可以为动画添加丰富的动画效果，同时还可以控制影片的播放。ActionScript 3.0 的脚本编写功能超越了以前的所有版本，可以方便地编写各种大型的面向对象的复杂程序。该版本与早期版本相比，代码不再放在影片剪辑和按钮实例上，而是放置在时间轴的关键帧上或单独的 ActionScript 文件中。ActionScript 3.0 的发布是 ActionScript（AS）发展史上的一个里程碑，实现了真正意义上的面向对象，提供了出色的性能，简化了开发过程，更适合开发复杂的 Web 应用程序。ActionScript 脚本撰写语言允许用户向应用程序添加复杂的交互性、回放控制和数据显示，可以利用"动作"面板、脚本编辑窗口或外部编辑器在创作环境内添加 ActionScript，理解和掌握脚本的基础及应用是深入学习动画设计与创作的根本。

9.2 ActionScript 的首选参数设置

ActionScript 具有强大的交互功能，使用该语言提高了动画与语言之间的交互性，在使用 ActionScript 之前需要对相关的开发参数进行设置。打开 Animate CC 2018 软件，选择"编辑"→"首选参数"命令，会弹出"首选参数"对话框，该对话框中左侧显示的是"常规""同步设置""代码编译器""脚本文件""编译器""文本"和"绘制"7 个选项卡，默认状态下显示的是"常规"选项卡，如图 9-1 所示。

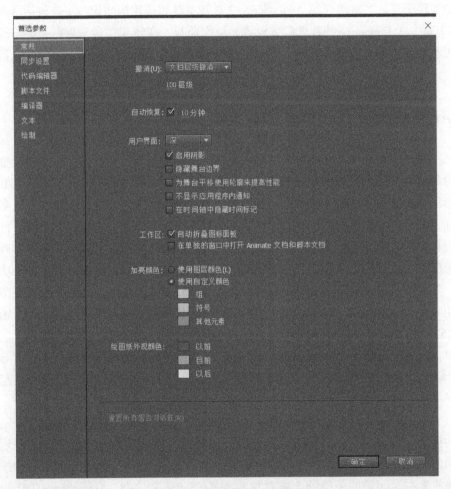

图 9-1 "首选参数"对话框

9.3 "动作"面板

"动作"面板为 ActionScript 代码提供了一个灵活的编程环境，主要由脚本导航器、固定脚本、插入实例路径和名称、查找、设置代码格式、代码片段、帮助、脚本编辑窗口以及脚本标签与编辑信息等部分组成，如图 9-2 所示。

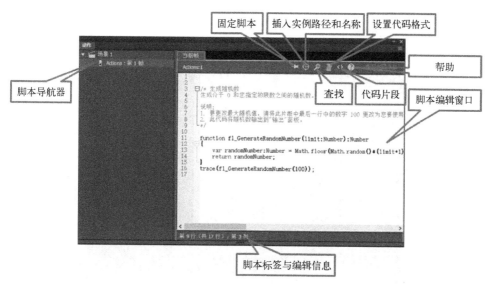

图 9-2 "动作"面板

脚本导航器：脚本导航器位于"动作"面板的左上角，显示正在添加动作脚本的位置信息。

"固定脚本"按钮：单击该按钮，会固定当前帧当前图层脚本，如图 9-3 所示。

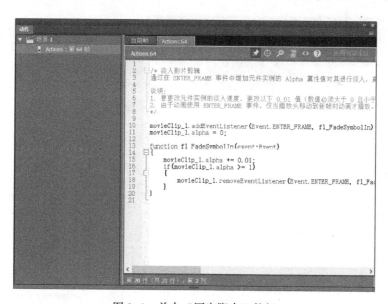

图 9-3 单击"固定脚本"按钮

"插入实例路径和名称"按钮：单击该按钮，弹出"插入目标路径"对话框，可以选择插入影片剪辑元件实例的目标路径，如图 9-4 所示。

"查找"按钮：单击该按钮，在搜索文本框中输入内容，可以查找并替换脚本中的文本，如图 9-5 所示。

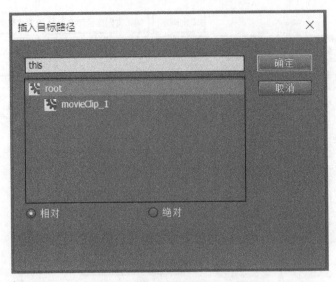

图 9-4 "插入目标路径"对话框

"设置代码格式"按钮：单击该按钮，可为写好的脚本提供默认的代码格式。

"代码片段"按钮：单击该按钮，可以打开"代码片段"面板，如图 9-6 所示。当"发布"设置为 ActionScript 3.0 时，可以使用"代码片段"面板中的代码片段。

图 9-5 查找和替换

图 9-6 "代码片段"面板

"帮助"按钮：单击该按钮，可以打开链接的网页，该网页主要显示的内容是"如何在 Animate 中使用 ActionScript"信息，如图 9-7 所示。

脚本编辑窗口：利用脚本编辑窗口可以编写属于 Animate 文档一部分的脚本，即嵌入

FLA 文件中的脚本文件。

图 9-7　帮助信息

脚本标签与编辑信息：显示脚本标签与编辑信息。

9.4　变量和常量

1. 变量

变量代表内存中有特定属性的一个存储单元，用来存放数据，也就是变量的值，在程序运行期间，这些值是可以改变的。ActionScript 在处理数据时，会按照变量的名称访问内存单元中的数据，对该数据进行操作。变量在 ActionScript 中可用于存储信息，它可以在保持原名称的情况下使其包含的值随特定的条件而改变。变量可以是数值类型、字符串类型、布尔值类型、对象类型或影片剪辑类型等。在 ActionScript 3.0 中使用变量，必须首先声明变量，方法如下。

　　　var VariabeName；

其中，var 为声明变量的关键字，VariabeName 表示变量的名称。如声明一个名为 b 的变量，方法如下。

　　　var b；　　　//声明了一个名为 b 的变量

变量名的命名规则为：变量名必须是一个标识符，标识符开头的第一个字符必须是字母，其后的字符可以是数字、字母或下画线；一个变量主要由变量名和变量值构成，变量名用于区分变量的不同，变量值用于确定变量的类型和数值，在动画的不同位置可以为变量赋予不同的数值；设置变量的名称尽量使用具有一定含义的变量名；变量在其范围内必须是唯一的，不能重复定义变量。

2. 常量

在 ActionScript 3.0 中，常量指的是在程序中固定不变的量。常量一旦赋值其值便不能改变，可以看作是一种用 const 关键字来进行声明的特殊变量，其只能在声明的同时进行赋值。常量是指在计算机的内存单元中储存的只读数据，其在 ActionScript 程序运行中不会被改变。常量的声明方法如下：

Const constName：DataType=value；

其中，constName 表示常量的名称，DataType 表示常量的数据类型，value 表示常量的值。

9.5 数据类型

数据类型是描述变量或动作脚本元素可以包含的信息的种类，主要包括原始数据类型和引用数据类型，以及空值和未定义。原始数据类型主要是指字符串、数字和布尔值；引用数据类型是指影片剪辑和对象。ActionScript 的数据类型主要分为简单数据类型和复杂数据类型以及 MovieClip 数据类型。简单数据类型主要包括 String 数据类型、Number 数据类型、Int 数据类型、Unit 数据类型、Boolean 数据类型、Null 数据类型和 Undefined 数据类型。复杂数据类型主要包括 Void 数据类型、Array 数据类型和 Object 数据类型。声明一个变量或者常量时，可以为其指定数据类型。

9.6 运算符

运算符指的是能够提供对常量和变量进行运算的特定符号。运算符主要用于数学运算，有时也会用于值的比较。运算符还可以理解为一种特殊的函数，具有一个或者多个操作并返回相应的计算结果。常见的运算符主要有算术运算符、逻辑运算符、比较运算符、按位运算符、赋值运算符、字符串运算符以及其他运算符等，本节对 ActionScript 3.0 中的主要运算符进行介绍。

1. 算术运算符

算术运算符主要用于进行加、减、乘、除、求模、递增以及递减运算等，ActionScript 3.0 算术运算符及其对应的运算见表 9-1。

表 9-1　算术运算符

运　算　符	执行的运算	运　算　符	执行的运算
+	加法	%	求模
−	减法	++	递增
*	乘法	−−	递减
/	除法		

例如：

```
var x= 6;
trace(++x);
trace(x++);
```

输出的结果为两个7，因为将++运算符置于变量前面，将先执行运算再返回变量的值。

2. 逻辑运算符

逻辑运算符主要包括逻辑"与"、逻辑"或"和逻辑"非"，运算后将返回布尔结果。ActionScript 3.0 中的逻辑运算符见表9-2。

表9-2　逻辑运算符

运　算　符	执行的运算	运　算　符	执行的运算
&&	与	!	非
||	或		

例如：

```
if ((x>=5)|(y<=8)){
    gotoAndPlay(15);
}
```

在满足条件的情况下跳转并播放第15帧，否则不执行命令。

3. 比较运算符

比较运算符主要用于对两个表达式的值进行比较，比较运算符主要有8种，见表9-3。

表9-3　比较运算符

运　算　符	运　算	运　算　符	运　算
>	大于	==	等于
<	小于	!=	不等于
>=	大于等于	!==	严格不等于
<=	小于等于	===	严格等于

例如：

```
if (x==6){
    gotoAndPlay(9);
}
```

如果 x 等于6跳转并播放第9帧。

4. 按位运算符

按位运算符是对数字的底层操作，主要有按位"与"、按位"或"、按位"非"、按位

"异或"、按位"与"赋值、按位"或"赋值、按位"异或"赋值、按位向左移、按位向右移、按位无符号向右移、按位向左移位赋值、按位向右移位赋值等。ActionScript 3.0 按位运算符及其对应的运算见表 9-4。

表 9-4　按位运算符

运　算　符	执行的运算	运　算　符	执行的运算
&	按位"与"	^=	按位"异或"赋值
|	按位"或"	<<	按位向左移
~	按位"非"	>>	按位向右移
^	按位"异或"	>>>	按位无符号向右位移
&=	按位"与"赋值	<<=	按位向左移位赋值
|=	按位"或"赋值	>>=	按位向右移位赋值

5. 赋值运算符

在 ActionScript 3.0 中，利用赋值运算符可以实现对一个变量进行赋值。赋值运算符主要有赋值、相加并赋值、相减并赋值、相乘并赋值、相除并赋值、求模并赋值、"与"并赋值、"或"并赋值、"异或"并赋值、按位左移位并赋值、按位右移位并赋值、右移位填零并赋值等。ActionScript 3.0 赋值运算符及其对应的运算见表 9-5。

表 9-5　赋值运算符

运　算　符	执行的运算	运　算　符	执行的运算
=	赋值	&=	"与"并赋值
+=	相加并赋值	|=	"或"并赋值
-=	相减并赋值	^=	"异或"并赋值
*=	相乘并赋值	<<=	按位左移位并赋值
/=	相除并赋值	>>=	按位右移位并赋值
%=	求模并赋值	>>>=	右移位填零并赋值

例如：

```
var x = 5;
var y = 7;
var n = x += y;
trace(n);
```

x 与 y 相加并赋值，输出的结果为 12。

6. 字符串运算符

字符串运算符主要用于对两个或两个以上的字符串进行连接、连接并赋值以及比较大小等，ActionScript 3.0 字符串运算符及其对应的运算见表 9-6。

表 9-6 字符串运算符

运 算 符	执行的运算	运 算 符	执行的运算
+	连接	<	小于
+=	连接并赋值	>	大于
==	相等	<=	小于等于
!=	不相等	>=	大于等于
!==	不完全等	"	分隔符

9.7 流程控制

ActionScript 3.0 可以将一个复杂的程序划分为若干个功能相对独立的代码模块。要调用某个代码模块需要利用特殊的语言结构来实现，如条件语句和循环语句等。条件语句主要用在影片中需要的位置以设置执行条件，当影片播放到该位置时，程序将对设置的条件进行检查。如果这些条件得到满足，程序将执行其中的动作语句；如果条件不满足，将执行设置的其他动作。循环语句主要控制一个动作重复的次数，或者是在特定条件成立时的重复动作。

1. 条件语句

条件语句 if 能够建立一个执行条件，只有当 if 条件语句设置的条件成立时，才能继续执行后面的动作。

例如：

```
if(x>60)
{
    trace("x is>60");
}
else
{
    trace("x<=60")
}
```

该程序主要是测试 x 的值是否超过 60，如果是，则生成一个 trace() 函数；如果不是，则生成另一个 trace() 函数。

条件语句还可以多重嵌套，条件语句 if…else…if 可以根据多个条件的判断结果，执行相关的动作语句。

2. 循环语句

在程序设计中，如果要执行一些有规律的运算，可以使用循环语句。在需要多次执行相同的几个语句时，可以使用 While 循环语句来完成。While 语句是一个简单的循环语句，仅由一个循环条件和循环体组成，通过判断条件来决定是否执行其所包含的程序代码。

例如，下面的程序用来计算 1~7 范围内所有自然数的乘积。

```
var i:unit=1,mul:unit=7;
While(i<=7){
```

```
            mul * =i;
            i++;
            }
        trace(mul);
```

3. 跳转语句

跳转语句主要用于实现程序执行时多个代码之间的跳转。在 ActionScript 3.0 中可以使用 break 语句和 continue 语句来控制循环流程，break 语句的结果是直接跳出循环，不再执行后面的语句；continue 语句的结果是停止当前这一轮循环，直接跳转到下一轮循环，并且当前轮次中 continue 后面的语句不再执行。

例如，在下面的代码中，如果 number 参数的计算结果为 1，则执行 case1 后面的 trace()动作，如果 number 参数的计算结果为 2，则执行 case2 后面的 trace()动作，以此类推，如果 case 表达式与 number 参数都不匹配，则执行 default 关键字后面的 trace()动作。

```
        switch(number){
            case1;
                trace("case1 tested true");
                break;
            case2;
                trace("case2 tested true");
                break;
            case3;
                trace("case3 tested true");
                break;
            default;
                trace("no case tested true")
        }
```

在上面的代码中，每个 case 语句都会有一个 break 语句，它能使流程跳出分支结构，继续执行 switch 结构下面的一条语句。

9.8 函数

函数是可以向脚本传递参数并能够返回值的可重复使用的代码块。它将可以重用的代码封装起来，当需要使用该代码功能时，可以直接使用函数。函数在程序设计过程中是一个革命性的创新，利用函数编程，可以避免冗长和杂乱的代码，可以重复利用代码，可以方便地修改程序，提高编程效率。

9.8.1 函数的定义

在 ActionScript 3.0 中使用函数语句定义函数。函数语句以 function 关键字开头，后跟函数名和用小括号括起来的逗号分隔参数列表以及用大括号括起来的函数体。函数定义语法结构如下。

```
function 函数名(参数 1:参数类型,参数 2:参数类型…):返回类型
{
    函数体//调用函数时要执行的代码
}
```

定义函数使用的关键字为 function，函数名主要是指定义函数的名称，小括号是定义函数必需的格式，"返回类型"是指定义函数的返回类型，大括号也是定义函数必需的格式，需要成对出现，括号内是函数定义的程序内容，即为调用函数时执行的代码。

例如：

```
function today(pa:string){
    trace(pa);
}
today("hello");          //函数调用,可在"输出"面板中输出"hello"
```

9.8.2 调用函数

调用函数的格式如下。

```
functionName(argument);
```

其中，functionName 表示调用函数的名称，argument 为传递给函数的参数。

对于没有参数的函数，可以直接使用该函数的名字，并后跟一个小括号( )来调用。

下面定义一个不带参数的函数 HelloBJ( )，并在定义之后直接调用，代码如下。

```
function HelloBJ(){
    trace("北京欢迎你!");
}
HelloBJ();
```

程序运行后的输出结果为

北京欢迎你!

9.9 基本语法

ActionScript 语法是指在编写 ActionScript 3.0 代码时必须遵守的一定的规则。ActionScript 语法相对于 Java、C#、C++等要容易得多，ActionScript 动作脚本主要包含语法和标点规则。

1. 点语法

ActionScript 中一个比较重要的概念是点语法。点主要是用来表示对象的属性和方法，此外，也可以用来表示影片剪辑、变量、函数以及对象的目标路径等。点语法的主要结构中左侧与右侧有很大的不同，左侧主要是动画中的对象、实例、主时间轴等，而点的右侧主要是与左侧元素相关的属性、目标路径、变量、动作等。点语法的作用是指定影片剪辑的属性。例如，下面的程序将影片剪辑 myMC 的_alpha（透明度）属性设置为70%。

```
myMC. _alpha = 70;
```

点语法是面向对象编程语言中用来组织对象和函数的方法。可用于指定与某个对象或者影片剪辑相关的属性或方法，也可用于标识目标路径。

例如：

"_root."

"_root."是指主时间轴，可以创建一个绝对路径添加脚本以控制同在主时间轴上的影片剪辑实例。

2. 小括号

小括号是表达式中的一个重要符号，优先级别比较高。在定义函数以及调用函数时，需要将所有参数都放在括号中，如下面的程序：

```
function   myFunction(name,age){
    //此处放置动作脚本
}
```

3. 大括号

动作脚本事件处理函数、类定义与函数用大括号组合在一起形成块。可以在函数声明的同一行或下一行放置一个左大括号。例如：

```
//此代码通过使舞台上的所有元件实例侦听 CLICK 事件,使其可响应单击操作
for ( var fl_ChildIndex;int = 0;
fl_ChildIndex < this. numChildren;
fl_ChildIndex++)
{
this. getChildAt(fl_ChildIndex). addEventListener(MouseEvent. CLICK, fl_ClickToBringToFront);
}
// 此函数会将单击的对象移动到显示列表的顶层
function fl_ClickToBringToFront(event:MouseEvent):void
{
this. addChild(event. currentTarget as DisplayObject);
}
```

4. 分号

在 ActionScript 中，用分号表示语句的结束。例如：

```
movieClip_1. x += 100;
```

此代码默认情况下会将元件实例移动到右侧。要将元件实例向左移动，需要将数字 100 更改为负值。要更改元件实例移动的距离，需要将数字 100 更改为希望元件实例移动的像素数。

5. 注释

注释符号主要有注释块分隔符和注释分隔符。注释块分隔符"/**/"主要用于指示一行或多行脚本注释；注释分隔符"//"主要是将分隔符到行末之间的内容标识为注释。

例如：

```
/*生成随机数,生成介于 0 和指定的限数之间的随机数。
说明:
要更改最大随机值,请将此片断中最后一行中的数字 100 更改为要使用的数字。此代码将随机数
输出到"输出"面板。
*/
function fl_GenerateRandomNumber(limit:Number):Number
{
var randomNumber:Number = Math.floor(Math.random() * (limit+1));
return randomNumber;
}
trace(fl_GenerateRandomNumber(100));
    movieClip_1.visible = true;              //使用此代码显示当前隐藏的对象
```

6. 字母大小写

在 ActionScript 中,关键字、变量和类名要区分大小写。大小写不同的标识符会被视为不同变量或函数。

例如:

```
movieClip_1.addEventListener(MouseEvent.CLICK, fl_ClickToPosition);
var fl_TF:TextField;
var fl_TextToDisplay:String = "Lorem ipsum dolor sit amet.";
function fl_ClickToPosition(event:MouseEvent):void
{
fl_TF = new TextField();
fl_TF.autoSize = TextFieldAutoSize.LEFT;
fl_TF.background = true;
fl_TF.border = true;
fl_TF.x = 200;
fl_TF.y = 100;
fl_TF.text = fl_TextToDisplay;
addChild(fl_TF);
}
```

执行以上程序代码可以完成如下操作:单击以显示文本字段,单击程序代码中指定的元件实例可在指定的 x 坐标和 y 坐标上创建并显示文本字段,用要定位文本字段的 x 坐标替换值 200,用要定位文本字段的 y 坐标替换值 100,用将在出现的文本字段中显示的文本替换字符串值"Lorem ipsum dolor sit amet",保留引号。

7. 关键字

关键字是 ActionScript 程序的基本构造单位,是程序设计语言的保留字,不能用于其他用途,不能作为自定义的变量、函数以及对象名等,ActionScript 的关键字主要有 break、this、continue、var、case、void、switch 等,这些关键字在 Animate 中具有特殊的意义,不能在代码行中将它们作为标识符,否则,在编辑器中会报错。

9.10 事件

事件就是所发生的 ActionScript 脚本能够识别并可响应的事情。事件是指动画中程序根据软硬件或者系统发生的事情确定要执行哪些指令以及如何执行的机制。例如，影片剪辑载入、单击或按下键盘上的某个键等都属于事件，由此而引起的反应即为事件的响应。

9.10.1 事件处理基本结构

在 ActionScript 中，事件处理程序主要包括 3 个元素，分别为事件、事件源和响应。事件处理的基本结构如下：

```
function eventResponse(eventObiect:EventTupe0:void){
//为响应事件而执行的代码
}
eventSource.addEventlistener(EventType.EVENT−NAME,eventRssponse);
```

9.10.2 鼠标事件

鼠标事件是一种常见的事件，使用鼠标事件可以触发各种交互功能。鼠标事件一般由 Mouse Event 类来管理，该类决定了与鼠标有关联的属性、事件和方法。此外，鼠标事件主要有 Mouse Click 事件、Mouse Over 事件、Mouse Out 事件等。

1. Mouse Click 事件

单击指定的元件实例用户可在其中添加自定义代码的函数。在以下"// 开始自定义代码"行后的新行上添加用户自定义的代码。单击此元件实例时，此代码将执行。

```
movieClip_1.addEventListener(MouseEvent.CLICK, fl_MouseClickHandler);
function fl_MouseClickHandler(event:MouseEvent):void
{
// 开始自定义代码
// 此示例代码在"输出"面板中显示"已单击鼠标"
trace("已单击鼠标");
// 结束自定义代码
}
```

2. Mouse Over 事件

鼠标悬停在元件实例上用户可在其中添加自定义代码的函数。在以下"// 开始自定义代码"行后的新行上添加用户自定义的代码。单击此元件实例时，此代码将执行。

```
movieClip_1.addEventListener(MouseEvent.MOUSE_OVER, fl_MouseOverHandler);
function fl_MouseOverHandler(event:MouseEvent):void
{
// 开始自定义代码
// 此示例代码在"输出"面板中显示"鼠标悬停"
```

```
    trace("鼠标悬停");
    // 结束自定义代码
    }
```

3. Mouse Out 事件

鼠标离开元件实例用户可在其中添加自己的自定义代码的函数。在以下"// 开始自定义代码"行后的新行上添加用户自定义的代码。单击此元件实例时，此代码将执行。

```
movieClip_1. addEventListener( MouseEvent. MOUSE_OUT, fl_MouseOutHandler);
function fl_MouseOutHandler( event:MouseEvent) :void
{
// 开始自定义代码
// 此示例代码在"输出"面板中显示"鼠标已离开"
trace("鼠标已离开");
// 结束自定义代码
}
```

9.10.3　键盘事件

键盘是程序中一种重要的人机交互工具，键盘事件主要由 Keyboard Event 类来管理。Keyboard Event 类与 Mouse Event 类一样，是由继承自 InteractiveObject 的对象进行调度。键盘事件一般有两种类型事件，分别为 Keyboard Event. KYE_DOWN 事件和 Keyboard Event. KYE_UP 事件。Keyboard Event 类可以帮助用户通过标准键盘来实现对程序的控制。

9.11　包和命名空间

在 ActionScript 中包是存放代码的单位。一个包可以存放很多代码，包是根据目录的位置以及所嵌套的层级来构造的。在包中的每一个名称对应一个真实的目录名称，通过符号点将这些名称隔开。命名空间通常被封套在包中，主要用于控制包中各种类属性和方法的外部可见性。包的主要作用是组织类，把相关的类组成一个组。

9.12　属性和方法

属性是对象的基本特征，如影片剪辑的大小、位置、颜色等，它表示某个对象中绑定在一起的若干个数据块中的一个。属性是指在类中声明的各种可以被外部引用的变量或常量，方法是指类定义中的函数。定义属性时，一般需要将定义的变量或常量放置到构造函数符方法的外部进行定义，并通过 public 修饰符确保属性可被外部引用。创建类的一个实例后，该实例就会被捆绑一个方法。

9.13 类

类是指具有相同或相似性质的对象的抽象，是一群对象所共有的特性和行为。对象的抽象是类，类是对象的抽象表示形式，类的具体化就是对象。类用来存储有关对象可保存的数据类型以及对象可表示的行为信息。类的实例是对象，使用类可以更好地控制创建方式以及对象之间的交互方式。类具有属性，是对象状态的抽象，用数据结构来描述类的属性。类具有封装和继承以及多态三大特性。封装的主要特点是数据隐藏。继承是面向对象编程技术的一个重要概念和显著特点。继承是指一个对象通过继承可以使用另一个对象的属性和方法。多态是指相同的操作或函数，其过程可用于多种类型的对象上并获得不同的结果，实现一个接口、多种方法。

9.14 思考与练习

1. 填空题

1）动作脚本是在_____中起到控制和计算作用的程序代码，在动画中添加交互性动作，可在_____、_____和_____内容及应用程序中实现交互。

2）ActionScript 3.0 是一种_____编程语言，是一种_____的编程语言，拥有大型数据集和_____可重用的代码库，使用其编写脚本代码十分方便快捷。

3）"动作"面板为_____代码提供了一个_____，主要由_____、_____、_____、_____、_____、_____以及_____部分组成。

2. 简答题

1）简述变量与常量的区别。

2）ActionScript 3.0 的基本语法有哪些？

9.15 上机操作

9.15.1 制作漫天飞雪效果

利用 Animate CC 2018 软件制作一个漫天飞雪效果的动画。

主要操作步骤指导：

1）启动 Animate CC 2018，选择"文件"→"新建"命令，打开"新建文档"对话框中的"常规"选项卡，单击"ActionScript 3.0"选项，其他参数设置保持默认，单击"确定"按钮，如图 9-8 所示。

2）选择"文件"→"导入"→"导入到库"命令，导入背景图片，选择"打开"按钮，即可将背景图片素材导入到库中，如图 9-9 所示。

3）双击"图层 1"，将该图层名称命名为"背景"，命名完成后如图 9-10 所示。

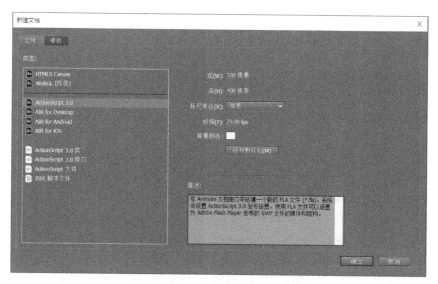

图 9-8 "新建文档"对话框

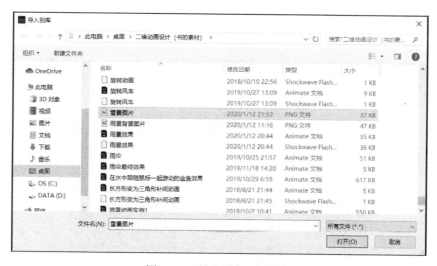

图 9-9 "导入到库"对话框

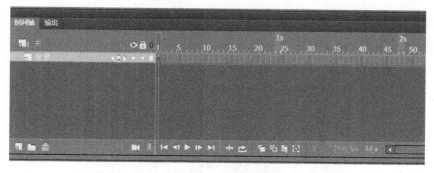

图 9-10 图层重命名

4）选择"背景"图层中的第 1 帧，打开"库"面板，将导入到库中的雪景图片拖放至舞台，调整好大小，如图 9-11 所示。

图 9-11　雪景效果

5）单击"背景"图层左下方的"新建图层"按钮，分别插入 3 个新图层，并重命名新建的图层，分别命名为"雪的图形""动作""说明"，如图 9-12 所示。

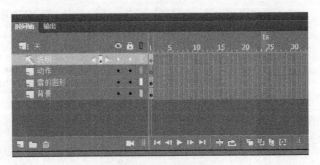

图 9-12　新建图层

6）选择"插入"→"新建元件"命令，打开"创建新元件"对话框，将"名称"命名为"Snow"，"类型"选择"影片剪辑"，如图 9-13 所示。

图 9-13　创建"Snow"影片剪辑元件

7）单击"确定"按钮，进入"Snow"影片剪辑编辑页面。选择"工具箱"面板中的"椭圆工具"，选择"窗口"→"颜色"命令，打开"颜色"面板，设置填充颜色为"径向渐变""FFFFFF"，如图9-14所示。

8）设置好填充颜色后，绘制出雪花效果，如图9-15所示。

图9-14 设置填充颜色

图9-15 雪花效果

9）选择"雪的图形"图层中的第1帧，将绘制好的雪花效果拖放至舞台。

10）选择"说明"图层中的第1帧，在舞台下方输入："1. 要修改雪的外观，请双击左侧的雪元件并编辑其中的内容。2. 打开动作面板并选择"动作"图层以检查代码。"

11）选择"动作"图层中的第1帧，在该帧添加代码如下。

```
// Number of symbols to add.
const NUM_SYMBOLS:uint = 75;
var symbolsArray:Array = [];
var idx:uint;
var flake:Snow;
for (idx = 0; idx < NUM_SYMBOLS; idx++) {
    flake = new Snow();
    addChild(flake);
    symbolsArray.push(flake);
    // Call randomInterval() after 0 to a given ms.
    setTimeout(randomInterval, int(Math.random() * 10000), flake);
}
function randomInterval(target:Snow):void {
    // Set the current Snow instance&apos;s x and y property
target.x = Math.random() * 550-50;
    target.y = -Math.random() * 200;
//randomly scale the x and y
var ranScale:Number = Math.random() * 3;
target.scaleX = ranScale;
```

```
            target. scaleY = ranScale;
        var tween:String;
        // ranScale is between 0.0 and 1.0
        if (ranScale < 1) {
        tween = "slow";
        // ranScale is between 1.0 and 2.0
        } else if (ranScale < 2) {
        tween = "medium";
        // ranScale is between 2.0 and 3.0
        } else {
        tween = "fast";
        }
            //assign tween nested in myClip
        myClip[tween]. addTarget(target);
        }
```

12）按〈Ctrl+Enter〉组合键测试影片，即可预览漫天飞雪效果，如图 9-16 所示。

图 9-16　漫天飞雪效果

9.15.2　制作雨景效果

利用 Animate CC 2018 软件制作一个下雨的雨景效果动画。

主要操作步骤指导：

1）启动 Animate CC 2018，选择"文件"→"新建"命令，打开"新建文档"对话框中的"常规"选项卡，单击"ActionScript 3.0"选项，其他参数设置保持默认，单击"确定"按钮，如图 9-17 所示。

2）选择"文件"→"导入"→"导入到库"命令，导入背景图片，选择"打开"按钮，即可将背景图片素材导入到库中，如图 9-18 所示。

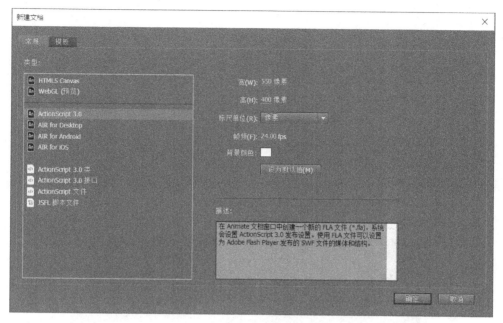

图 9-17 "新建文档"对话框

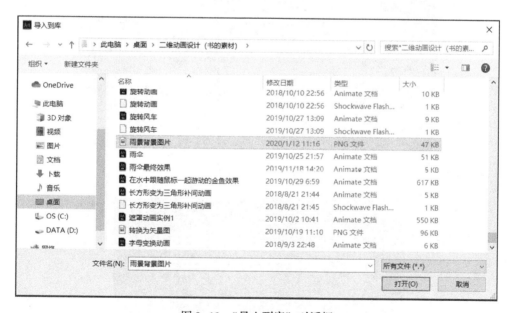

图 9-18 "导入到库"对话框

3）双击"图层 1"，将该图层名称命名为"背景"，命名完成后如图 9-19 所示。

4）选择"背景"图层中的第 1 帧，打开"库"面板，将导入到库中的"雨景背景图片"拖放至舞台，调整好大小，如图 9-20 所示。

5）单击"背景"图层左下方的"新建图层"按钮，分别插入 3 个新图层，并重命名新建的图层，分别命名为"雨的图形""动作""说明"，如图 9-21 所示。

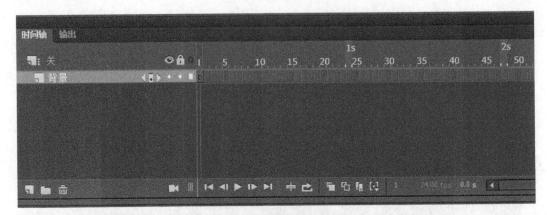

图 9-19　图层重命名

图 9-20　雨景背景图片

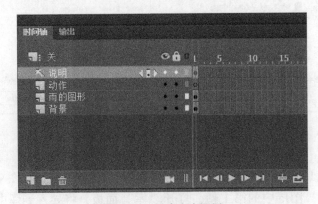

图 9-21　创建多个图层

6）选择"插入"→"新建元件"命令，打开"创建新元件"对话框，将"名称"命名为"Rain"，"类型"选择"影片剪辑"，如图9-22所示。

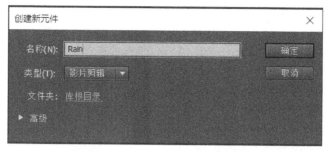

图 9-22 创建 "Rain" 影片剪辑元件

7）单击"确定"按钮，进入"Rain"影片剪辑编辑页面。选择"工具箱"面板中的"椭圆工具"，选择"窗口"→"颜色"命令，打开"颜色"面板，设置填充颜色为"线性渐变""E4E4E7"，如图 9-23 所示。

8）设置好填充颜色后，绘制出雨滴效果，如图 9-24 所示。

图 9-23　设置填充颜色

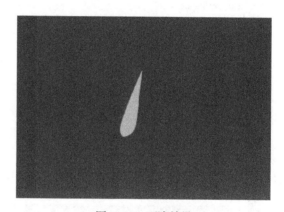

图 9-24　雨滴效果

9）选择"雨的图形"图层中的第 1 帧，将绘制好的雨滴效果拖放至舞台。

10）选择"说明"图层中的第 1 帧，在舞台下方输入："1. 要修改雨的外观，请双击左侧的雨元件并编辑其中的内容。2. 打开动作面板并选择"动作"图层以检查代码。"

11）选择动作图层中的第 1 帧，在该帧添加代码如下。

```
// Number of symbols to add.
const NUM_SYMBOLS:uint = 175;
var symbolsArray:Array = [];
var idx:uint;
var drop:Rain;
for (idx = 0; idx < NUM_SYMBOLS; idx++) {
    drop = new Rain();
    addChild(drop);
    symbolsArray.push(drop);
    // Call randomInterval() after 0 to a given ms.
    setTimeout(randomInterval, int(Math.random() * 10000), drop);
```

```
}
function randomInterval(target:Rain):void {
    // Set the current Rain instance&apos;s x and y property
target. x = Math. random() * 550-50;
    target. y = -Math. random() * 200;
//randomly scale the x and y
var ranScale:Number = Math. random() * 3;
target. scaleX = ranScale;
    target. scaleY = ranScale;
var tween:String;
// ranScale is between 0. 0 and 1. 0
if (ranScale < 1) {
tween = "slow";
// ranScale is between 1. 0 and 2. 0
} else if (ranScale < 2) {
tween = "medium";
// ranScale is between 2. 0 and 3. 0
} else {
tween = "fast";
}
    //assign tween nested in myClip
myClip[tween]. addTarget(target);
}
```

12) 按〈Ctrl+Enter〉组合键测试影片, 即可预览雨景效果, 如图 9-25 所示。

图 9-25 雨景效果

222

第10章 综合应用案例

随着 Animate CC 软件版本的不断升级，Animate 的功能越来越强大，其应用领域也越来越广泛。Animate 在动画设计、网络横幅广告、电子贺卡、多媒体课件、网站制作以及游戏制作等领域有着较为广泛的应用。本章将介绍综合应用方面的知识，主要包括电子贺卡、网络广告、多媒体课件和游戏。

10.1 电子贺卡

电子贺卡是在节日或喜庆之日向朋友或亲人等表达美好感情的一种方式，是大数据时代通过电子邮箱发送祝福的一种常用方式。如利用 126 邮箱、QQ 邮箱、163 邮箱发送教师节贺卡、圣诞节贺卡、新年贺卡以及生日贺卡等。

【例 10-1】利用 Animate CC 2018 创建一个教师节电子贺卡。

1）启动 Animate CC 2018，选择"文件"→"新建"命令，打开"新建文档"对话框中的"常规"选项卡，单击"ActionScript 3.0"选项，其他参数设置保持默认，单击"确定"按钮，如图 10-1 所示。

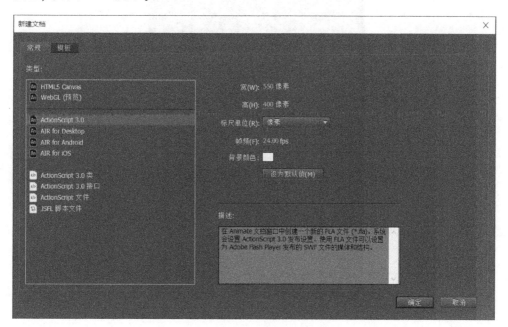

图 10-1 "新建文档"对话框

2）选择"文件"→"导入"→"导入到库"命令，打开"导入到库"对话框，如图 10-2 所示。

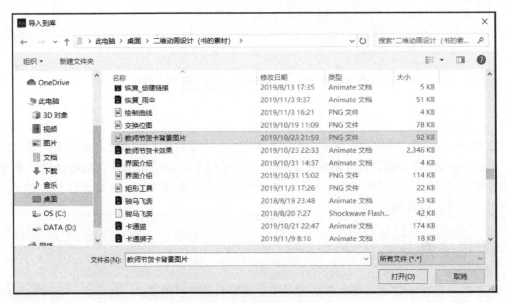

图 10-2 "导入到库"对话框

3）选中"导入到库"对话框中的"教师节贺卡背景图片"，单击"确定"按钮即可完成背景图片素材的导入。打开"库"面板，即可预览导入后的图片效果，如图 10-3 所示。

图 10-3 "库"面板

4）将导入到库中的图片素材拖放至舞台，调整好大小，将图层 1 的名称修改为"背景"，在第 99 帧处插入帧，如图 10-4 所示。

图 10-4　"时间轴"面板

5）单击"新建图层"按钮 <!-- icon -->，插入一个新图层，将其命名为"教师节"。在该图层中的第 3 帧处插入关键帧，在舞台上输入文本"教师节快乐"，调整好字体效果。在该图层第 10 帧插入关键帧，在第 3 帧~第 10 帧创建一个补间动画。同样方法在第 10 帧~第 22 帧也创建一个补间动画效果，在第 23 帧~33 帧位置插入关键帧，如图 10-5 所示。

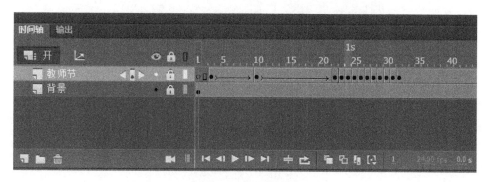

图 10-5　创建新图层

6）选择"工具箱"面板中的"文本工具"，按照第 5）步创建完成后的文本效果如图 10-6 所示。

图 10-6　创建的文本效果

7）单击"新建图层"按钮 <!-- icon -->，插入 4 个新图层，分别命名为"光晕""光晕 2""光晕 3"和"遮罩"，如图 10-7 所示。

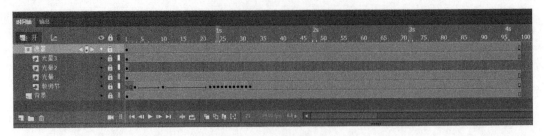

图 10-7 创建新图层

8）创建完成后的光晕效果如图 10-8 所示。

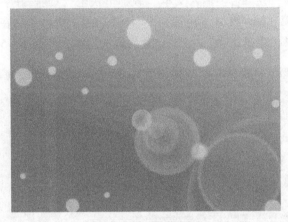

图 10-8 光晕效果

9）选择"文件"→"导入"→"导入到库"命令，打开"导入到库"对话框。选中准备好的音频素材"贺卡背景音乐.mp3"，单击"打开"按钮，如图 10-9 所示。

10）打开"属性"面板，单击"声音"选项组中"名称"级联按钮，在弹出的下拉菜单中选中导入到库中的音频文件"贺卡背景音乐.mp3"，如图 10-10 所示。

图 10-9 导入背景音乐

图 10-10 选中导入的
背景音乐

11）在"属性"面板中添加音频后，会打开"时间轴"面板，可以看到，当前的背景音乐图层上出现了声音的波形，添加声音完成，如图10-11所示。

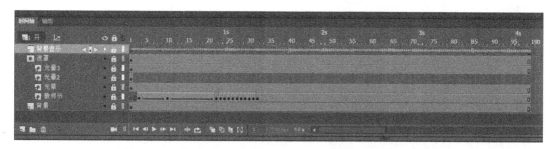

图10-11　背景音乐图层音频效果

12）选中"时间轴"面板上的"背景图层"，单击"工具箱"面板中的"摄像头"按钮 ，创建Camera图层，如图10-12所示。

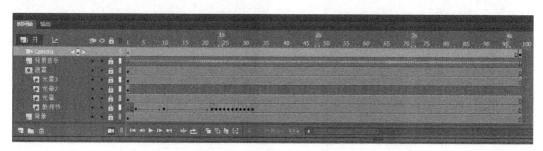

图10-12　创建Camera图层

13）舞台下方会显示摄像头控制台，如图10-13所示。

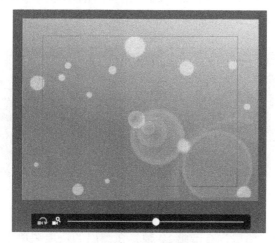

图10-13　使用摄像头

14）打开"属性"面板，在"摄像头属性"选项组中设置位置"X"数值为10，"Y"数值为15，"缩放"数值为120%，单击"色调"左侧的"应用色调至摄像头"按钮 ，设置"色调"数值为6，"红"为153，单击"调整颜色"左侧按钮 ，设置"亮度"数值为3，"对比度"数值为6，"饱和度"数值为10，"色相"数值为5，如图10-14所示。

15）设置完成后，便可预览设置完成后的效果，如图 10-15 所示。

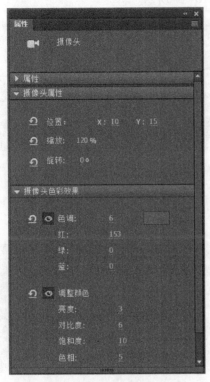

图 10-14　摄像头属性设置

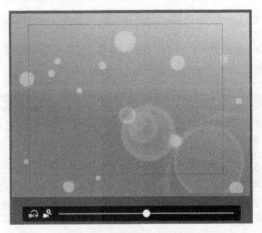

图 10-15　设置完成后的效果

16）选中"Camera"图层，右击第 1 帧，在弹出的快捷菜单中选择"创建补间动画"命令，创建 100 帧的补间动画，如图 10-16 所示。

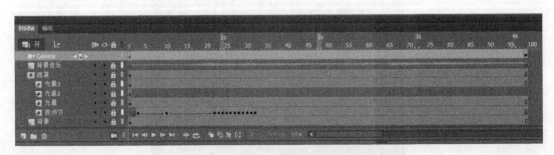

图 10-16　创建补间动画

17）选中"Camera"图层，右击第 50 帧，在弹出的快捷菜单中选择"插入帧"命令，拖动摄像头控制台中的滑块按钮向右至合适的位置，此时，舞台、时间轴和摄像头控制台效果如图 10-17 所示。

18）按〈Ctrl+Enter〉组合键测试，便可得到教师节贺卡效果，如图 10-18 所示。

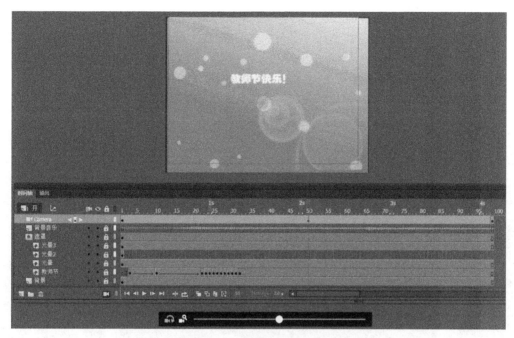

图 10-17　创建对象补间动画

图 10-18　教师节电子贺卡效果

10.2　网络广告

　　大数据时代背景下，网络上的 Animate 广告也随之发展起来，利用 Animate 做出的网络广告效果较好，还可提供输出 HTML5 Canvas 的支持。Animate 软件可以输出高质量图片和 GIF，支持 4K 高清视频输出，支持摄像机工具，还可以拖动摄像机来做镜头效果。

【**例 10-2**】利用 Animate CC 2018 创建一个手机网络广告动画。

1）启动 Animate CC 2018，选择"文件"→"新建"命令，打开"新建文档"对话框中的"常规"选项卡，单击"ActionScript 3.0"选项，设置"宽"为 800 像素，"高"为 460 像素，其他参数设置保持默认，单击"确定"按钮，如图 10-19 所示。

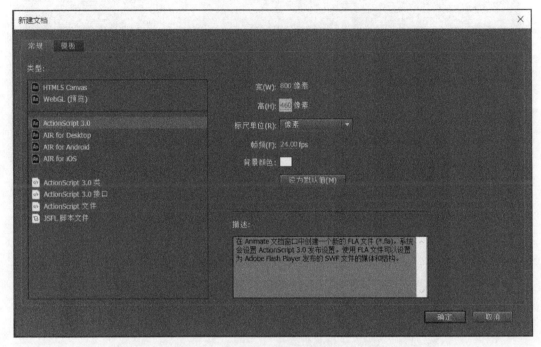

图 10-19　新建文档

2）选择"文件"→"导入"→"导入到库"命令，选中需要导入的背景图片素材，单击"打开"按钮，如图 10-20 所示。

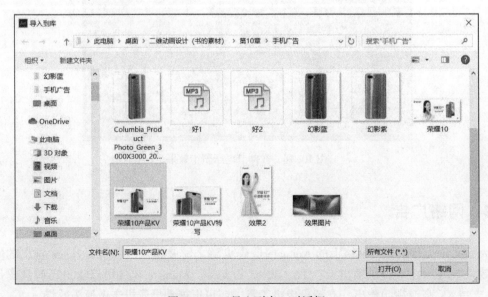

图 10-20　"导入到库"对话框

3）将需要的素材导入到库中后，打开"库"面板，将"荣耀 10 产品 KV 特写 .jpg"拖放至舞台，选择"窗口"→"对齐"命令，打开"对齐"面板，如图 10-21 所示。

4）选中"与舞台对齐"选项，单击"对齐"下方的"水平中齐"按钮，再单击"分布"下方的"垂直居中分布"按钮，最后单击"匹配大小"下方的"匹配宽和高"按钮。完成对齐设置后的效果如图 10-22 所示。

5）单击"时间轴"面板中"图层 1"上方的"打开高级图层"按钮，会弹出"使用高级图层?"提示信息，如图 10-23 所示。

图 10-21 "对齐"面板

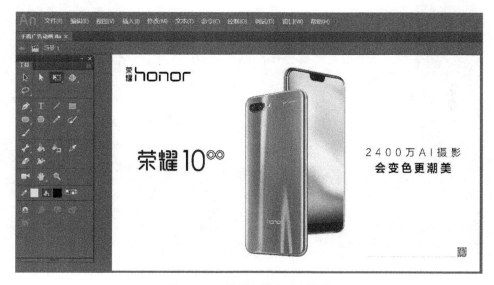

图 10-22 设置与舞台对齐效果

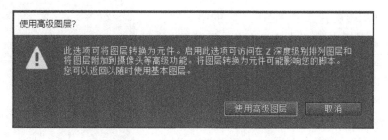

图 10-23 "使用高级图层?"信息提示

6）单击"使用高级图层"按钮，即可打开高级图层，选中图层 1 中的第 90 帧，插入关键帧，如图 10-24 所示。

7）单击"图层 1"左下方的"新建图层"按钮，插入一个新的图层 2。选中图层 2 的第 1 帧，打开"库"面板，将库中的"效果图片 .jpg"拖放至舞台，调整好图片大小，如图 10-25 所示。

图 10-24　插入关键帧

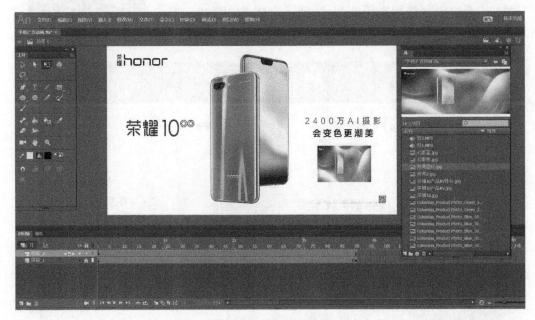

图 10-25　插入新图层

8）单击"图层 1"左下方的"新建图层"按钮，插入一个新的图层，选中"图层 3"的第 1 帧，选中"工具箱"面板中的"文本工具"，打开"属性"面板，设置"系列"为"幼圆"，"大小"为 30，"颜色"为红色，如图 10-26 所示。

9）选中"图层 3"的第 1 帧，设置好文本属性后，在舞台上输入文本"荣耀手机"。打开"属性"面板，打开"投影"选项组，设置"模糊 X"为 4 像素，"模糊 Y"为 4 像素，"强度"为 100%，"品质"为高，"角度"为 45°，"距离"为 4 像素，如图 10-27 所示。

10）选择"窗口"→"动画预设"命令，打开"动画预设"面板。在"默认预设"中选择"脉搏"选项，如图 10-28 所示。

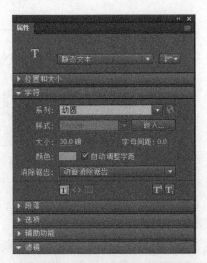

图 10-26　文本"属性"面板

图 10-27 设置投影

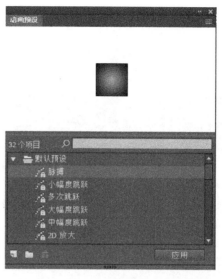

图 10-28 "动画预设"面板

11）设置完成后在舞台空白处单击，此时，设置好的文本效果如图 10-29 所示。

图 10-29 设置动画预设后的效果

12）在"图层3"的第90帧位置处插入一个帧，完成后在"时间轴"面板左下角处单击"新建图层"按钮 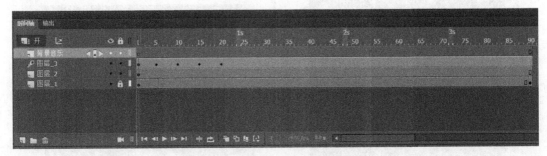，插入一个新图层，将该图层名称修改为"背景音乐"，如图10-30所示。

图10-30　创建"背景音乐"图层

13）选择"文件"→"导入"→"导入到库"命令，选中需要导入的音频素材"好1"，单击"打开"按钮，如图10-31所示。

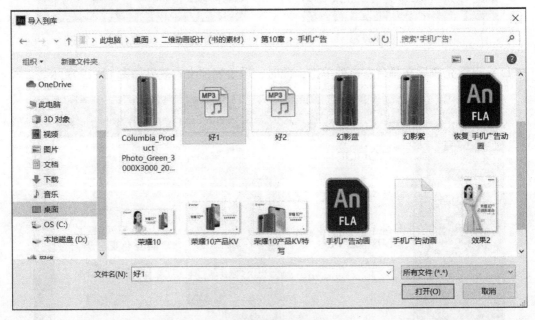

图10-31　导入音频

14）选中"时间轴"面板上"背景音乐"图层中的第1帧，打开"属性"面板，单击"声音"选项区域中"名称"右侧按钮，在弹出的下拉菜单中选择"好1.MP3"，单击"效果"级联按钮，在弹出的下拉菜单中选择"向右淡出"选项；单击"同步"级联按钮，在弹出的下拉菜单中选择"开始"选项，"声音循环"选项选择"重复"，如图10-32所示。

15）背景音乐导入完成后，会显示出声音对象的波形，说明已经将声音引用到背景音乐图层，如图10-33所示。

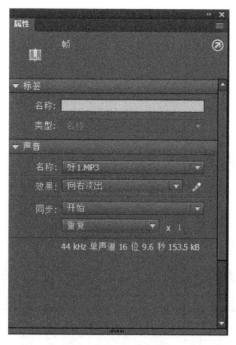

图 10-32　设置声音

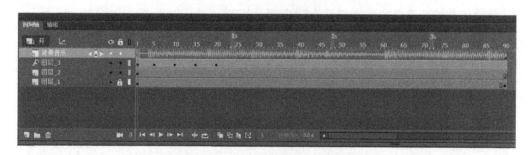

图 10-33　"背景音乐"图层上的声音

16）单击"时间轴"面板左下角中的"新建图层"按钮，创建一个新图层，将其命名为"Actions"图层，如图 10-34 所示。

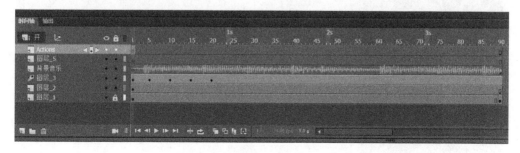

图 10-34　创建"Actions"图层

17）选择"文件"→"导入"→"导入到库"命令，选中需要导入的图片素材"荣耀10 产品 KV 特写 . jpg"，单击"打开"按钮，如图 10-35 所示。

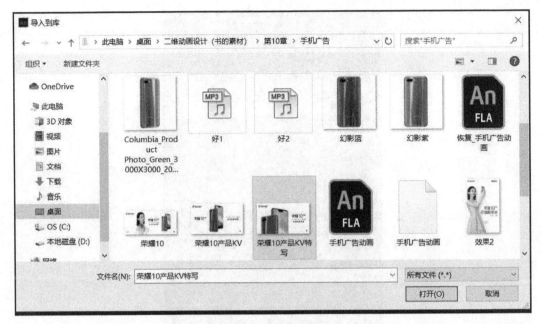

图 10-35 导入图片素材

18）导入图片后，将该图片拖放至舞台合适位置，选中"Actions"图层中的第 1 帧并右击，在弹出的快捷菜单中选择"动作"选项，打开"动作"面板，如图 10-36 所示，添加代码如下：

/ *将"摄像头色调"设置为指定的 R、G、B 和百分比值。*/
import fl. VirtualCamera；
var tintR = 225；

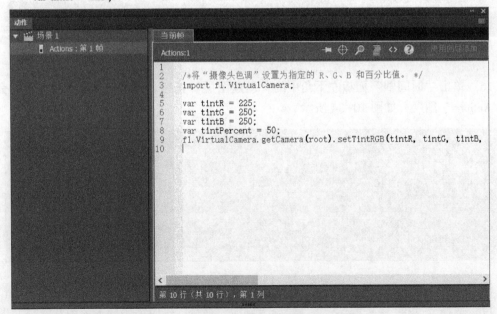

图 10-36 "动作"面板

```
var tintG = 250;
var tintB = 250;
var tintPercent = 50;
fl. VirtualCamera. getCamera( root). setTintRGB( tintR, tintG, tintB, tintPercent);
```

19）按〈Ctrl+Enter〉组合键测试，便可得到手机广告动画效果，如图10-37所示。

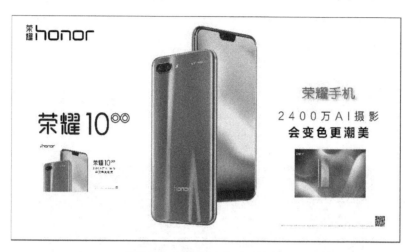

图10-37　手机广告动画效果

10.3　多媒体课件

多媒体课件是教师用来辅助教学的工具，具有丰富的表现力和良好的交互性。在教学中使用，可有效地改善教学媒体的表现力和交互性，优化教学过程和方法，极大地提高了教学效果。设计多媒体课件的目的是为了发挥多媒体计算机在信息存储、处理、呈现以及人机交互方面的显著优势，利用其在教学方面的特长和潜力，为教学服务，以实现最优化的教学效果。多媒体课件的组成部分主要有封面、引导部分（导航）、知识内容结构、跳转关系结构、交互界面等。制作多媒体课件常见的软件主要有 PowerPoint、几何画板、方正奥思、Authorware、Flash、Director、CastMaker 和 Animate 等。Animate 软件在制作多媒体课件制作方面具有独特的优势，该软件能够制作出丰富多彩的动画效果，能够更加准确地、科学地展示或模拟学科知识，可以将文字、图形图像、视频、声音以及动画等各种信息的媒体融合在一起，突出要呈现的主要内容。良好的交互性和体积小以及便于传播等特征让 Animate 软件制作出的课件作品更容易受到用户的欢迎。

【例10-3】利用 Animate CC 2018 创建一个随机布朗运动课件效果。

1）启动 Animate CC 2018，选择"文件"→"新建"命令，打开"新建文档"对话框中的"常规"选项卡，单击"ActionScript 3.0"选项，其他参数设置保持默认，单击"确定"按钮，如图10-38所示。

2）单击"时间轴"面板中左下角的"新建图层"按钮，新建3个图层，分别为"背景框""效果"和"动作"图层，如图10-39所示。

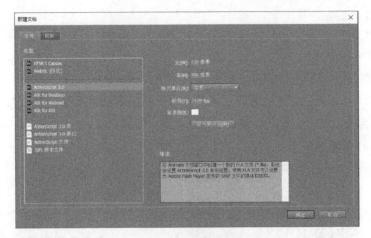

图 10-38　新建文档

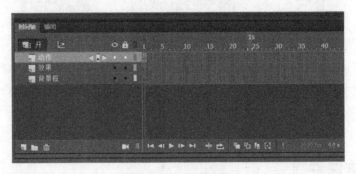

图 10-39　创建图层

3）选择"文件"→"新建"命令，打开"从模板新建"对话框，选中"模板"选项卡，在"类列"列表框中选择"范例文件"选项，右侧会弹出模板列表，选中"AIR 窗口示例"，如图 10-40 所示。

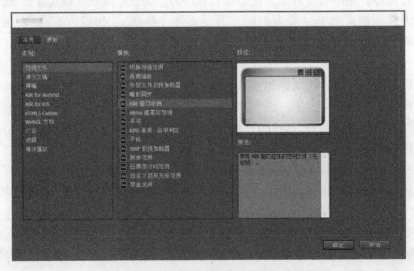

图 10-40　选择"AIR 窗口示例"选项

4）单击"确定"按钮，进入舞台编辑页面，可以得到 AIR 窗口示例效果。选中舞台中的 AIR 窗口示例效果，按〈Ctrl+C〉组合键进行复制，如图 10-41 所示。

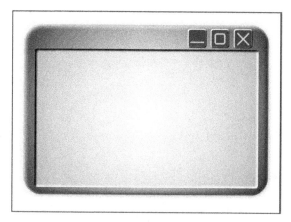

图 10-41　AIR 窗口示例效果

5）打开"新建文档"对话框，选中"背景框"图层中的第 1 帧，按〈Ctrl+V〉键进行粘贴，将 AIR 窗口示例效果放置到"背景框"图层中的第 1 帧。

6）选择"文件"→"新建"命令，打开"从模板新建"对话框，选中"模板"选项卡，在"类别"列表中选中"动画"选项，右侧会弹出"模板"列表，选择"随机布朗运动"选项，如图 10-42 所示。

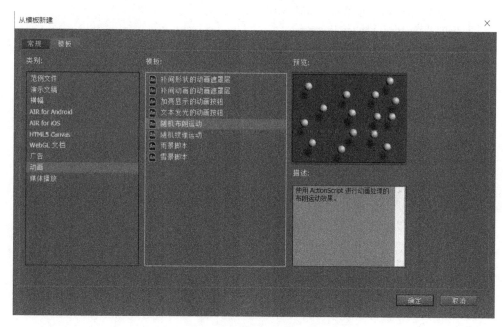

图 10-42　选择"随机布朗运动"选项

7）按住鼠标左键框选舞台中随机布朗运动效果，按〈Ctrl+C〉键进行复制，打开新建文档对话框，选中"效果"图层中的第 1 帧，按〈Ctrl+V〉键进行粘贴，将随机布朗运动效果放置到"效果"图层中的第 1 帧。

8）右击"动作"图层中的第 1 帧，在弹出的快捷菜单中选择"动作"选项，打开"动作"面板，添加如下代码。

```
/ * To Change AIR Settings (File > Adobe AIR 2 Settings)
Window style is set to Transparent in this sample file.
*/
/ * Click to Close AIR Window
*/
close_btn. addEventListener("click", closeWindow);
function closeWindow(evt:Event):void
{
stage. nativeWindow. close();
}
/ * Click to Minimize AIR Window
*/
minimize_btn. addEventListener("click", minimizeWindow);
function minimizeWindow(evt:Event):void
{
stage. nativeWindow. minimize();
}


/ * Click to Maximize or Restore AIR Window
Initially the maximize button is shows.
When the application is maximized, the button changes to the restore button.
*/
max_btn. addEventListener(MouseEvent. MOUSE_DOWN, maximizeWindow)
function maximizeWindow(e:Event):void
{
if(stage. nativeWindow. displayState != NativeWindowDisplayState. MAXIMIZED)
{
stage. nativeWindow. maximize();
max_btn. gotoAndPlay(2);
}
else
{
stage. nativeWindow. restore();
max_btn. gotoAndPlay(1);
}
}
/ * Drag to Move AIR Window
Makes the movie clip able to move the entire AIR application window by click and dragging.
*/
bg_mc. addEventListener(MouseEvent. MOUSE_DOWN, moveWindow);
```

```
function moveWindow( e:Event) :void
{
stage. nativeWindow. startMove( ) ;
}
```

9）按〈Ctrl+Enter〉组合键测试，便可得到随机布朗运动课件效果，如图 10-43 所示。

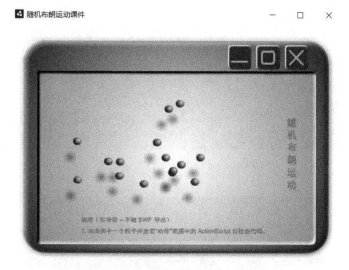

图 10-43　随机布朗运动课件效果图

10.4　游戏

Animate CC 2018 具有强大的脚本交互功能，通过为其添加合适的 AS 脚本可以实现各类小游戏的开发，如俄罗斯方块、自由推箱子、宠物连连看、贪吃蛇、拼字游戏、识字游戏、射击游戏、棋牌游戏和赛车游戏等。Animate 游戏制作简单，操作方便，视觉效果突出，游戏体积小且传播速度快，游戏画面美观，因此比较流行。利用 Animate 可以开发益智类游戏、射击类游戏、动作类游戏、角色扮演类游戏和体育运动类游戏等。

【例 10-4】利用 Animate CC 2018 创建一个 PRG 游戏动画。

1）启动 Animate CC 2018，选择"文件"→"新建"命令，打开"新建文档"对话框中的"常规"选项卡，单击"ActionScript 3.0"选项，设置"宽"为 320 像素，"高"为 480 像素，设置"背景颜色"为黑色，其他参数设置保持默认，单击"确定"按钮，如图 10-44 所示。

2）单击"时间轴"面板左下角的"新建图层"按钮，创建 7 个图层，分别为"棋盘""棋盘对象""玩家""战争烟雾""雾遮罩层""D-Pad-UI"和"动作"图层，如图 10-45 所示。

3）选中"棋盘"图层的第 1 帧，绘制一个游戏背景图效果，如图 10-46 所示。

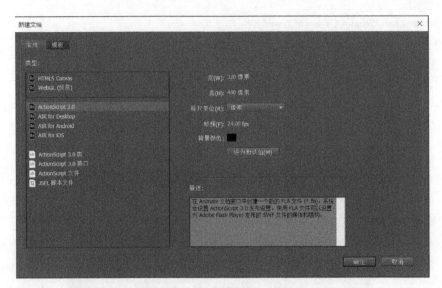

图 10-44 "新建文档" 对话框

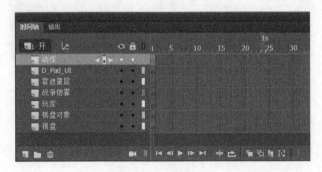

图 10-45 创建图层

4）选中"棋盘对象"图层的第 1 帧，绘制游戏中的效果，如图 10-47 所示。

图 10-46 "棋盘"图层效果

图 10-47 "棋盘对象"图层效果

5）选中"玩家"图层的第 1 帧，绘制游戏中的玩家对象效果，如图 10-48 所示。

6）选中"战争烟雾"图层和"雾遮罩层"图层中的第 1 帧，创建遮罩效果，如图 10-49 所示。

图 10-48　"玩家"图层效果

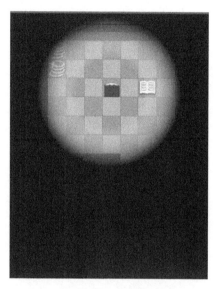

图 10-49　遮罩效果

7）选中"D-Pad-UI"图层，添加文本框和游戏方向控制按钮，如图 10-50 所示。

图 10-50　"D-Pad/UI"图层效果

8）右击"动作"图层的第 1 帧，在弹出的快捷菜单中选择"动作"选项，打开"动作"面板，在该帧添加如下代码。

```
import flash. events. MouseEvent;
// Declare variables to track player movement
var allowMove:Boolean=true;
var lastMove:String;
// Set initial message box text
var format:TextFormat = new TextFormat( );
```

```
var myFont:Font = new Arial ( ) ;
format. font = myFont. fontName;
message_mc. message_txt. defaultTextFormat = format;
message_mc. message_txt. text = " You are lost in the woods. . . " ;
// Hide player&apos;s water cover graphic
movieClip_1. waterCover_mc. visible = false;
// Setup keyboard press event to move player
stage. addEventListener( KeyboardEvent. KEY_DOWN, fl_PressKeyToMove) ;
function fl_PressKeyToMove( event:KeyboardEvent) :void {
if ( allowMove) {
switch ( event. keyCode) {
case Keyboard. UP :
{
moveUp( ) ;
break;
}
case Keyboard. DOWN :
{
moveDown( ) ;
break;
}
case Keyboard. LEFT :
{
moveLeft( ) ;
break;
}
case Keyboard. RIGHT :
{
moveRight( ) ;
break;
}
}
}
}
// Setup button events to move player
up_btn. addEventListener( " click" , upClick) ;
down_btn. addEventListener( " click" , downClick) ;
left_btn. addEventListener( " click" , leftClick) ;
right_btn. addEventListener( " click" , rightClick) ;
function upClick( evt:MouseEvent) {
moveUp( ) ;
}
function downClick( evt:MouseEvent) {
```

```
moveDown( ) ;
}
function leftClick( evt:MouseEvent) {
moveLeft( ) ;
}
function rightClick( evt:MouseEvent) {
moveRight( ) ;
}


// Functions to move the player MovieClip (movieClip_1)
function moveUp( ) {
movieClip_1. gotoAndStop("up") ;    // Display player movement direction frame
if( movieClip_1. y>40) {                // Check for playboard boundary
movieClip_1. y -= 25;         // Move the player MovieClip if it&apos;s inside the boundary
lastMove="up" ;               // Set the variable to track the player&apos;s last move
}
fog_mc. x = movieClip_1. x;          // Set the fog MovieClip x position to the player&apos;s new x posi-
tion
fog_mc. y = movieClip_1. y;          // Set the fog MovieClip y position to the player&apos;s new y posi-
tion
detectPlayer( ) ;
}
function moveDown( ) {
movieClip_1. gotoAndStop("down") ;
if( movieClip_1. y<350) {
movieClip_1. y += 25;
lastMove="down" ;
}
fog_mc. x = movieClip_1. x;
fog_mc. y = movieClip_1. y;
detectPlayer( ) ;
}
function moveRight( ) {
movieClip_1. gotoAndStop("right") ;
if( movieClip_1. x<285) {
movieClip_1. x += 25;
lastMove="right" ;
}
fog_mc. x = movieClip_1. x;
fog_mc. y = movieClip_1. y;
detectPlayer( ) ;
}
function moveLeft( ) {
```

```
movieClip_1. gotoAndStop("left");
if(movieClip_1. x>35) {
movieClip_1. x -= 25;
lastMove = "left";
}
fog_mc. x = movieClip_1. x;
fog_mc. y = movieClip_1. y;
detectPlayer();
}
function detectPlayer() {
if(Wall1. hitTestObject(movieClip_1) | Wall2. hitTestObject(movieClip_1)) {
// Test for collision between this wall and player
// Place the player position back behind the wall depending on the player&apos;s last move
if(lastMove == "right") {
movieClip_1. x -= 25;
}
if(lastMove == "left") {
movieClip_1. x += 25;
}
if(lastMove == "up") {
movieClip_1. y += 25;
}
if(lastMove == "down") {
movieClip_1. y -= 25;
}
// Update the fog MovieClip to the player position
fog_mc. x = movieClip_1. x;
fog_mc. y = movieClip_1. y;
}
}
stop();
```

9) 按〈Ctrl+Enter〉组合键测试, 即可获得 PRG 游戏动画效果, 如图 10-51 所示。

进入游戏界面后, 单击如图 10-51 中所示的上、下、左、右的方向键可以控制其角色移动, 寻找金钱和宝物。

图 10-51 PRG 游戏效果